目次

序
第一巻
第二巻
第三巻
第四巻
第五巻
第六巻
第七巻
訳注
解説　戦争の技術、あるいは職能としての戦争

7　11　59　111　149　173　199　239　277　297

凡例

一、本書は『マキァヴェッリ全集1』（筑摩書房、一九九八年十月二十日）所収の「戦争の技術」を改訳して文庫化したものである。ただし、注は右全集ならびにちくま学芸文庫『ディスコルシ』より流用し、補訂した。

二、訳出にあたっては、ボリンギエーリ版（*DELL'ARTE DELLA GUERRA*, 1992）およびナツィオナーレ版（*L'ARTE DELLA GUERRA*, 2001）を用いた。

三、本文中（ ）内はマキァヴェッリによる注であり、〔 〕内は補注である。

四、本文中の改行はテキストに沿うものではなく、読み易さを考慮して適宜施した。

戦争の技術

序

フィレンツェ市民であり
フィレンツェ国書記官ニッコロ・マキァヴェッリが
フィレンツェ貴族、
ロレンツォ・ディ・フィリッポ・ストロッツィ(1)閣下に捧ぐ

ロレンツォ閣下、多くの人たちはこれまで次のような見解を持ち、また今も抱いています。すなわち市民生活と軍隊生活ほど、互いに関係がうすく、かけ離れたものは他にはない、と。ですから、誰かが軍隊で高給をせしめようともくろむと、たちどころに衣装をとり替え、そればかりか素行、習慣、声、容貌さえも、あらゆる市民生活の流儀とは異なったものにするのをしばしば見かけるわけです。というのも、どんな暴力行為にでもとっさに対応しようとする輩は、市民的服装に身をつつむことなど相応しくない、と信じ込んでいるのです。それに、市民に相応しい習慣なぞは人を虚弱にするばかりで、そのしきたりでは自分の仕事と相容れない、と思っているこうした輩には、市民的な習慣も、しきたりも守れるものではないからです。髭と口汚い言葉で、他の人たちを脅そうとする輩には、普通の身なりをしてふだんの言葉遣いをすることが好都合とは思えない。このようなわけで、今日、先にあげた市民生活と軍隊生活についての見解がそれは真実であるかのように流布されています。

しかしながら、古代の諸制度を考えてみれば、当然とはいえ、市民生活と軍隊生活ほど互いに親和し、似通い、一体となっているものは他に見あたりません。というのも、すべての仕事は、人びとの共通善を図らんがために、市民生活のただ中で制度化されており、またすべての制度は、法と神を畏れて生きんがために作られたものなのですが、そのいずれも自国民による防衛力が準備されていなければ、甲斐のないものとなってしまうからです。防衛力こそ見事に配備されれば人びとを支え、たとえまとまりを失った人びとにとっても、その後ろ盾となる。逆に言えば、良き諸制度でも軍事力の助けがなければ崩壊するばかりです。それは、宝石や黄金をちりばめた絢爛豪華な宮殿の住人たちが、屋根がないばかりに、いざというとき雨をしのぐ手立てを持ち合わせないのと同じです。ですから、いくつかの都市や、王国に見かける他のどのような制度でも、人びとが信義にあつく平和を好み、神への畏れで満たされ続けるよう、あらゆる努力が払われてきたのですが、それが軍隊においては二重にかなえられます。というのも、祖国のために死を覚悟した人以上に、いかなる人間により多くの信頼を置けるというのでしょうか？　戦争そのものによって傷つけられる人以上に、誰がさらなる平和を慈しむものでしょうか？　毎日、無数の危険にさらされながら神のご加護を是非とも必要とする人以上に、いったい誰に神への強い畏れがあるのでしょうか？　こうした必然性を、軍事力を統制する政治家、それに軍隊の指導的立場にある面々が十分考えられたならば、かの古代の人びとによってなされた軍隊生活は賞賛に値するものとして必ず研究され、追随模倣されていたはずなのです。ところが、長い年月の間に軍事制度はまったく腐敗し、古代の流儀とかけ離れたため、軍隊とは憎むべきもの、軍事力を行使する連中との関わり合いなど忌避すべきもの、といった誤った見解が生じてしまった。そこでわたしは、この目で見、読み解いたことから、古代式の軍隊を蘇らせ、そこに古の勇武《ヴィルトゥ》の形をいくばくかでももたらすのは不可能ではない、と断ずるに至ったのです。そのため、わたしは公務を退いた時間を無為に過ごすことのないよう、古代の事蹟の愛好者である方々に満足いただくためにも、戦争の技術について、わたしの理解するところを書き記す決心をしたのです。他に誰もまともに取り組んだことがない題材について書き著すのは大胆なこととはいえ、わたしは、多くの輩がはなはだしい思い上がりから実際に行った歩みを、言葉でたどることに間違いがあろうとは思いません。なぜなら、書き留める最中にわたしが犯す多くの過ちは、誰も傷つけずに修正できるわけですし、かたや、多くの輩によって為されてきた事柄をそのまま実行してみて分かるのは、国の支配権の崩壊以外にはないのです。

ロレンツォ閣下におかれては、こうしたわたしの苦労の何たるかをご賢察いただき、閣下のご判断により、相応と思われる非難なりお誉めの言葉を、この労作にお与え下さいますように。わたしの能力が至らずとも、閣下から授かったご厚誼に感謝するため、この労作を閣下にお送りするものです。というのも、身分の高さ、財力、才知、寛容の点で際だった方々は、こうした著述を尊ばれるのが習わしとはいえ、それこそわたしは財力、身分の高さの点で閣下に並び立つ者がほとんど存在せず、才知の点では稀、寛容の点ではどなたもおられないことを知るからなのです。

第一巻

いかなる人であれ、亡くなられたからにはとやかく言わずに誉め讃えるものとわたしは信ずるが、おもねるべき何の理由も思惑も無くなったからには、我らがコジモ・ルチェッライ[1]を是非とも賞賛したいと思う。その人の名は、わたしにとって涙なくして到底思い出されるものではない。彼には、仲間たちがよき友に望み、彼の祖国が一市民に求めうる、さまざまな美質が認められるからだ。実は、わたしは彼が何者なのかを〔他でもなく、彼の魂も含めて〕知っているわけではなく、彼も進んで友人たちと交わりはしなかったのだ。それに、いかなる事業が彼を当惑させたものか、またどこに彼が祖国の善を認めていたのかも、わたしは知らない。が、正直に告白すれば、わたしの知己で親交のある多くの人たちの中でも、〔彼ほど〕大問題をめぐってそれは溌剌とした精神を示す人物に、これまでお目にかかったことがない。

自分の臨終に際して彼は、次の点を除けば、友だちに不平をかこつことはしなかった。すなわち、若くして自分の屋敷内で死すべく生まれたこと、自分の意志どおりに他人の役に立とうとしても、それはできずじまいで栄誉とは無縁であったこと、がそれである。というのも、彼は一人の良き友が死んだということ以外に、誰も彼自身について他に話しようがないことを承知していたからである。だからといって、われわれやわれわれと同じように彼を知る者は誰であれ、仕事がなされていないことを理由に、賞賛に値する彼の資質を疑うわけではない。

実のところ、彼にとって運命はまったくの敵であったのではなく、たとえば愛の詩句で綴られた彼の筆になる、いくつかの作品が示すように、彼の才知の妙を伝える短い作品もないわけではない。そこでは、実際に彼が恋に陥ったわけではないにしても、時間をむだにせず、彼の若さにしてその才が働いたからこそ、運命《フォルトウナ》がより高い詩想に彼を導いたほどである。またそこには、見事なまでに書き表された彼の想念を誰もがありありと理解できるばかりか、彼の仕事としてその才が遺憾なく発揮されたならば、彼は詩作の栄誉につつまれていたはずである。ところが運命が、一人の才知ある友の能力をわれわれから奪い去ったため、われわれに努めてできる最善のことは、彼を追憶し、彼によって鋭くも論評され、賢明に論じられたことを想起する以外に手立てがない、とわたしには思われる。というのも、彼にまつわる鮮明な思い出といえば、少し前に彼のオリチェッラーリの園でファブリツィオ・コロンナ殿(2)が彼と交わした議論にまさるものはないからだ(そこではファブリツィオ殿が戦争に関することを幅広く語られ、その大半について思慮深く的を射た質問が、コジモ閣下によってなされた）。他の仲間と一緒にその場に居合わせたわたしは、その彼を記憶に留めようと思う。この回想録を読まれるならば、そこに集ったコジモ閣下の仲間たちは、改めて彼の力量《ヴィルトウ》の思い出を胸に蘇らせるだろう。また居合わせなかった人びとは、かたや同席しなかったことを残念がるにしても、一方でこの実に知恵に恵まれた人物が賢明に論じてくれた、ただ単に軍事ばかりか、市民生活にこそまつわる多くの有益なことを学ばれるはずである。

ファブリツィオ・コロンナ殿はロンバルディーアの地で長い間カトリック王フェルナンド(3)〔五世〕の下で軍務に服し、大いなる栄達を極めていた。その彼が当地を去るにあたって、フィレンツェに立ち寄り、この町で数日間滞在しようと心に決めたのである。というのもウルビーノ公、ロレンツォ・ディ・ピエロ・デ・メディチ閣下(4)に拝謁し、以前から何がしかの親交を結んでいた君侯連にも再会しようと思ったからだ。こんなわけでコジモ閣下は、自分の庭園にファブリツィオ殿を招待する好機到来、と想いついた。自分の気前のよさを知らしめるよりも、誰もが望むように、ファブリツィオ殿のような人物とゆっくり差し向かいで話をしながら、いろいろなことを学びたいと思ったからだ。コジモ閣下は、自ら心ゆくまで戦争をめぐる議論に一日が費やせる機会、と思われたのである。

こうして、彼の望んだようにファブリツィオ殿はやって来た。そしてコジモ閣下のほか、いく人かの盟友たちに歓待された。盟友の中には、ザノービ・ブオンデルモンティ、バッティスタ・デッラ・パッラ、それにルイージ・アラマンニ(5)がいた。みな年も若く、コジモ閣下の寵愛を受け、関心も同じく研究に熱心そのもの。彼らの麗しい資質は、毎日毎時間、彼ら自身で理解しあっているから、ここでは省略する。つまるところファブリツィオ殿は、時節と場所柄にふさわしく、またとない尊敬を一身に受けられたのである。

さて、楽しい饗宴が一段落し、食卓が片づけられて会も滞りなく終わると、ファブリツィオ殿は、貴重な考えを聴こうとする貴族の若衆を前にして、にわかに疲れてきた。コジモ閣下は、陽も長くたいへん暑いので、自分の望みをかなえるためにも暑さを避けるべく、庭園のもっとひっそりと奥まった辺りに場所を移すのがよい、と判断した。そこにみなが移動して席を求めると、ある者はその辺りでもっとも涼しい草の上に座り、またある者は一番高い木々の蔭にしつらえられたベンチに腰かけた。すると、ファブリツィオ殿はいい場所だと誉めたのであった。彼はことのほか木々に注意を向けたが、そのいくつかは何の木か分からなかったため、考え込んでいた。

そんな様子にコジモ閣下が気づくと、次のように言われた。「これらの木の何本かを、たまたまあなたはご存じないようですが、不思議でも何でもありません。そのうちのいくつかは、今日一般にそうであるよりも、古代人がとくと鑑賞した木々ですから。」そしてコジモ閣下はファブリツィオ殿に木の名前を告げ、祖父のベルナルド・ルチェッライがいかに庭木に打ち込んでいたかを話すと、ファブリツィオ殿はこう答えた。「貴君の言われたようなことではないか、とわたしも考えておったのです。こうした場所も、庭木へのこだわりも、わたしにはナポリ王国の君侯方を思い出させてくれる。かの面々も、このような古代の教養には通じており、木陰を愉しんでおったものです。」

ここで話は途切れてしまい、彼は何かためらうようであったが、次のように続けた。

「わたしは誹謗しようなどとは毛頭思ってはおらんのだが、その古代とやらについてのわたしの意見を述べるつもりでいる。こうした話を友らと交わすとしても、中傷するのではなく、議論をするのが目的なのだから、誰も傷つけはしないからな。たとえば、その平和愛好家の人々であれ、繊細で柔和な面ではなく、厳しくも強靭な面で古代人を模倣しようというのであれば、それはよくやったということになろう。つまりは、日陰ではなく陽の下でなされたことを、過ち腐敗した古代のやり方ではなく、まったき真実のやり方を真似るというならばだ。というのも、繊細で柔和な物事の追求を、わがローマ人が好んでから、わが祖国は崩壊してしまったのだ。」これに対してコジモ閣下が答えた。ところで、「ある人がこう言った」とか「誰それがこう切り返した」と何度も繰り返す煩雑さを避けるため、相手を示さず話し手の名のみを記すことにする。そこで対話は以下に続く。

コジモ　あなたはわたしが待ち望んでいた議論に筋道をつけて下さった。どうか遠慮なくお話し願いたいものです。わたしこそ自由にあなたに質問をさせていただくつもりでおりますから。たとえ、わたしが質問し反論したりしながら、ある人を弁護し、あるいは非難しようとも、それは弁護のためでも非難のためでもなく、あなたから真実を理解するためなのです。

ファブリツィオ　わたしこそ、喜んで貴君がわたしに質問するすべてについて、知りうる限りのことを申し上げよう。それが本当かどうかは貴君の判断に委ねるとして。問いただして下されば、わたしとしてはありがたい。そうして質問を受けることで、貴君がわたしの答えから学びうるように、わたしは貴君から学べるわけだ。それに多くの場合、賢明な質問者は相手にたくさんのことを考えさせ、また他にもさまざまなことを知るように仕向けてくれる。そういった事柄は、質問されなければ知らず終い、となってしまうものだ。

コジモ　わたしとしては、あなたが最初に述べられた話に戻りたい。わたしの祖父もあなたの君侯方も、古代人の繊細さよりも過酷なまでの所業を真似ていれば、うんと賢くやっていけただろうに、という話です。そこでわたしは、わが家門にかかわることについて弁護したいと思うのです。そうでない方々については、あなたに弁護していただきますゆえ。わたしは信じているのですが、祖父の時代にあっては、彼ほど軟弱な生活を忌み嫌い、あなたが賞揚されるあの生の厳しさを愛した人間も他にいない、と思っております。しかしながら、祖父自身にしても、彼の子供たちにしても、厳しいだけではたちゆかないことを知っていた。それは腐敗した世紀に生まれ落ちたのですから。一般の習俗から離れようとすれば、その人は名誉を奪われ、誰からも蔑まれるような時代だった。というのも、「樽のディオゲネス」(6)ばりに、真夏の炎天下に素っ裸の男がその身を広げて砂地の上に横たわったり、真冬の凍てつく頃に雪の上に寝ころんでいれば、気でも狂ったかと思われるに違いない。もしもある人が、スパルタ人のように、自分の息子たちを田舎で育て、屋外に寝起きさせ、頭領とともに素足で行進させ、冷水で顔を洗わせるようにしたとしましょう。それは子供たちにとって困難を耐え忍び、生に執着しないばかりか死をも恐れないようにするためだからといっても、その人は嘲笑されるのが落ちというもの、人間ではなくむしろ野獣と見なされてもしかたがない。さらにまた、ガイウス・ファブリキウス(7)のように、豆類を主食とする粗食に耐え、金銭を軽蔑し清貧であったとしても、ほとんど誉められず誰もつき従ってはくれない。このようなわけで、当今の生き方に驚き呆れたため、祖父は古代人を遠ざけ、それほど奇抜でない程度に可能な範囲で古代風を模倣したのです。

ファブリツィオ　その点では、貴君のなされた御祖父の弁護は力強く、たしかに真実を述べておられる。が、わたしが言ったのは厳格な生き方のことではなく、もっと人間的な、今日の生活にも多分に通じる生き方のことを申し上げたのだ。そうした生き方は、都市の中で著名な人物に数えられる方にとってみれば、採り入れるに難しくはなかったのでは、とわたしは思う。何事を引き合いに出すとしても、わたしはわがローマ人から離れるつもりはない。たとえば、かのローマ共和国の人びとの生活や諸制度を考えてみれば、その多くはまだ何がしかの善が残っている文明にとって導入できる部分もあるはずなのだ。

コジモ　それでは、古代に倣ってあなたが導入されたいこととは何なのでしょうか？

ファブリツィオ　徳《ヴィルトゥ》を讃えそれに報いること、貧乏を蔑まぬこと、軍隊生活および軍事規律を敬うこと、市民たちが互いに愛し合うべく党派を作らず、私事よりも公事を優先させること、その他今日の時勢でも容易にできそうなことはすべて。こうした生き方は人にすすめるのが難しいわけではなく、十二分に考えて相応しいやり方をすれば採り入れられるものだ。なぜなら、そういった生き方にはたしかに真実が現れており、誰にでも共通する知力で理解できるからだ。この生き方を制度化する者こそ、木々を植えているに等しい。それらの木陰には、この木の下以上に幸福も喜びも、ますます宿るもの。

コジモ　わたしはあなたの言われたことに、何も反対を唱えるつもりはありません。が、その判断はここに同席の友らに委せましょう。幸いみな、その力を持ち合わせていますから。そこで申し上げたいのですが、あなたは古代人の重大かつ偉大な行動に倣わない者たちを非難しているわけですが、そうなると、結構すんなりとわたしの満足が得られるのでは、と思うのです。あなたから伺いたいのは、一方であなたはその行動において古代人を真似ない人びとを論難し、他方あなたの職業である戦争においては、それこそあなたは傑物と目されているのに、何ら古代式の戦い方を活用していないように見受けられるのは、どういうわけでしょう？　それとも、古代人といくらかの類似があるとでもおっしゃるのですか。

ファブリツィオ　貴君は、まさにわたしの待ち望んでいたところをついてくれた。それ以外の質問ではわたしの話は無価値というもの、わたしとしても他の問いは望んではいない。簡単に言い繕うことで自分を守れるとしても、わたしと諸君がさらに満足できるよう、頃合もよいことだから、多少長い話に入りたいと思う。

何か事を為そうとする者たちは、コツコツ努力してまず準備にとりかかり、機会到来となれば、やろうとしていたことを実行するのに万端怠りなし、というようでありたい。そこで、準備が慎重になされたとしても、まずは機会が得られなければ、それらは気づかれず、また何びとも誰かを怠惰だと責められるものではない。かたやその機会がめぐってきたのに働きかけなければ、準備が不十分だったか、何かの点で思慮に欠けていたことになろう。それというのも、わたしには、軍事制度を古代式に変えようと自ら準備したことが分かってもらえるような機会が何ら訪れなかったのだ。わたしが軍隊を古代風にしなかったとしても、それは貴君や他の方々から嫌疑をかけられる筋合いのものではない。貴君の非難に対する答えなら、このような言い訳で十分ではないかと思う。

コジモ　十分でしょう。たしかに機会が訪れなかったのでしたら。

ファブリツィオ　ところで貴君は、その機会がやってきたのか否か疑っておられるようだから、我慢して聴いてもらえるものならば、十二分にお話ししよう。どのような準備が最初になされなければならないか、いかなる機会がめぐってくることが必要か、どういった困難に妨げられて準備が台無しになり、機会も訪れなくなるものか、つまり、この機会とは移ろい易く、瞬時に正反対の結末が現れるものだが、いかにその扱いが至極難儀でもあり簡単でもあるかについて論じてみたい。

コジモ　あなたがそうして下さるなら、わたしやここに同席する者たちにとって、これ以上にありがたいことはありません。あなたが是非にと話してくだされば、私たちもますます聴きたくなるのです。とはいえ、この議論は長くなるに違いないから、あなたの許しを得て、ここにいる友人たちにも助けてもらうつもりです。私たちには一つお願いがあります。時にいくつかの厄介な質問で、お話を中断させることがあっても、どうか面倒がらないでいただきたい。

ファブリツィオ　コジモ殿、こちらの若き方々ともどもわたしに質問していただけるなら、それはもう願ってもない。思うに、諸君は若いから軍事のより良い理解者となってくれようし、わたしの言うことをいとも容易に信じてくれるはずだ。他方、歳を召された方々というのは、すでに頭も白く体の血も凍てついて、戦争に反対するのを常とするかと思えば、人びとが今日のような〔腐敗した〕生活を送るのも時代のせいであって、軍事制度がまずいわけではないと信じ込む連中と同じく、もう直しようがないほどだ。だから諸君の誰であれ、是非とも自由にご質問願いたいし、それを望んでいる。一服させてくれるのもいいが、願わくば諸君の心に何の疑念も残らぬようにしたいものだ。わたしとしてはコジモ殿の指摘から始めたいと思う。

わたしの職業である戦争において、わたしがこれまで古代の戦い方を何ら活用してこなかったという貴君の発言があった。この点について言っておきたいのは、戦争とは一つの仕事だが、それを通じていつでも誰もが誠実に生きられるものではなく、戦争を仕事とすることができるのは共和国か王国を除いてはないということだ。そして、これらどちらの国でも、制度が良く整っている場合には、自国のいずれの市民にも臣民にも、戦争を職業とすることなど決して認めはしなかったし、善良な人間の誰もが戦争を自分の生業とすることなど断じてなかった。なぜなら、戦さをなす者が善良だとはとても考えられないし、そんな輩はいつでも戦争でもって利益を得ようと、きまって強欲、ペテン、暴力に走るばかり、当然のことながら良しとはされない幾多の性質に染まるわけだ。それに大物小物に限らず、戦争を今現在職業としている者たちが例外だというはずもない。なぜと言って、この職業は平和時には彼らを養いはしないのだ。そこで彼らは平和を嫌うか、戦争時にはしこたま稼いでおいて平和時に暮らせるようにすること必定である。この二つの考えのどちらとも、善良なる人の思いつくところではない。

それに、いかなる時でも食い扶持を得ようとすることから、盗み、恐喝、殺人が生まれ、こうした兵士たちは敵味方なく蛮行に及ぶ始末。また、平和をよしとしないことから、指揮官連中は戦争を長引かせようと、彼らの雇い主に対して欺瞞をはたらき始める。万一、平和が訪れようものなら、しばしば起きることだが、隊長たちは俸給にありつけず生活難に陥るわけで、戦さの名目もへったくれもなく無慈悲にも、ある地方を掠奪にかかるのだ。

諸君はあなたがたの国の出来事をご記憶でないのか？　幾多の戦役が終わると、無給の兵士どもがイタリア中に溢れかえり、こぞって徒党を組んでは盗賊化していったのを。彼らは傭兵くずれ《コンパニエ》と呼ばれ、領地をことごとくズタズタにして国土を奪い取ったものだが、それには何の手立ても施しようがなかったではないか。また、カルタゴの兵士らはローマ人との第一次戦争が終わるや、どさくさに乗じて選ばれたマトー、スペンディウスの二人(8)の隊長の下、ローマ人相手の時よりもそれは危険な戦いをカルタゴ人自身に向けたことを諸君はお読みでないのか？　われらが父祖なる時代(9)では、フランチェスコ・スフォルツァ君が平和時でも豪奢に暮らせるように、雇われ先のミラノ人を欺いたばかりか彼らの自由を取り上げて、その君主におさまったのだ。その他のイタリアの兵士どもとて、ことごとくがフランチェスコと同様に、軍隊を私的な生活の手立てとして利用した。たとえ彼らが悪行をつくしてミラノ公位に登りつめるまではいかなかったとしても、それはもう非難されるだけではすまない。彼らの生き方を見れば分るように、まったく何の役にも立たぬことでは皆同罪なのだから。

フランチェスコの父、ムツィオ・アッテンドロ・スフォルツァ(10)にしても、女王ジョヴァンナにアラゴン王の援助を乞わざるを得ないように仕向けたが、それはさっさと女王を見捨てて、軍事力を失った彼女を敵のただ中に置き去りにしたからなのだ。これは、ひとえにスフォルツァ自身がその野心に捌け口を求め、女王から金をせしめるか彼女の領国を取り上げるかするためであった。ブラッチョ[11]も同じような企みに精を出し、ナポリ王国を占領しようとした。もしも彼がアクィラの地で討死しなかったら、首尾よく事を運んだだろう。このようなデタラメは他でもなく、連中が傭兵軍を自分の生きる手立てとして利用する人間だったことから生じる。諸君はわたしの議論の後ろ盾となる、こんな諺に覚えはないだろうか？「戦争は盗人をつくり、平和は彼らの首を絞める」と。それというのも、生きていくために他に何もできないこんな連中は、平和な時勢には雇い入れてくれる人も見つからず、自分の質の悪さを共に名誉[12]へと転換するほどの徳《ヴィルトゥ》も持ち合わせていないため、決まって彼らは追い剝ぎに身を落とし、正義はこの者たちを消さざるを得なくなる。

コジモ　あなたのお話では、職業軍人という仕事には何の価値もないという結論に落ちつくかと思いますが、その職業こそ仕事の中でも最高にすばらしく栄えあるもの、とわたしは考えていたのです。ですから、もう少しはっきりさせていただかなければ満足するわけにはいきません。というのも、あなたの言われるとおりだとすると、[13]「ユリウス・」カエサル、ポンペイウス、スキピオ、マルクス・クラウディウス・マルケルス、それに名声をはせながら神々のごとく崇められた多くの古代ローマの指揮官たち、そういった彼らの栄光がどこから生まれてくるのか分からないからです。

ファブリツィオ　わたしは、まだ話そうとしたことをすべて論じ切ってはいない。話の要点は二つあった。一つは、善良なる人間であれば軍人稼業を自分の職業にはできないということ、今一つは、共和国であれ王国であれ、制度がきちんとした国家は、その臣民や市民たちが戦争稼業を生業とするなど、断じて認めなかったということだ。最初の点については必要なだけ喋った。

残るは二つ目だが、そこで今しがたの貴君の質問にお答えしよう。ポンペイウス、カエサル、それから最後のカルタゴ戦争以後ローマで活躍したほとんどの指揮官たちだが、彼らが得たのは善良な者としてではなく、勇猛な者としての名声であった。彼ら以前に生きていた指揮官たちは、勇猛でかつ善良な人物として栄光を得たのだ。そうなったのも、カルタゴ戦争以前の指揮官たちは戦争を自らの職業としなかったのに、それ以後の連中は、わが身の生業として戦争を利用したからだった。

それに、ローマ共和国が汚辱を知らずにいた間は、大市民の誰一人として戦争稼業で平和時にあっても有力になれる、などとは夢にも思わなかったのだ。この仕事とは、法律は破るわ、属州から身ぐるみ収奪するわ、祖国を侵害して圧政を敷くわ、で何がなんでも利を求めるものなのだから。また、最下層の身の上《フォルトゥナ》の誰一人として誓いを破ることなど思いもよらなかったし、有力私人にくっつくことも、元老院を軽んずることももっての外で、常時、戦争稼業で生きていけるような、専制的な暴政には幕を引こうとしたものだ。ところで、以前に指揮官であった当の面々は、勝利に満足するや、願い出て私的な生活に舞い戻った。当時兵士であった者たちも、武器を手にするより武器を置く方が切なる望みだった。各々が自分の仕事に還って、それぞれの生計を立てたものだ。戦利品や戦争業で食えればと望む者など、そのなかには決していなかった。この点については、大市民のレグルス・アッティリウス(14)を引き合いに出して考えれば明らかだ。アフリカの地でローマ軍の指揮官だった彼は、カルタゴ人をほぼ打ち負かすや、元老院に家路につく許可を願い求めた。それは自分の使用人が荒らしてしまった自家農場を世話するため、とのことだった。そこで明らかなのは、もしも彼が属領をたくさん手に入れようと、戦争を私的な職業として考えていたのであれば、自作農地の手入れのために帰郷の許可を願い出たりはしなかったに違いないということだ。わずかばかりの彼の土地より、もっと多くの土地を日毎に獲得できたはずなのだから。

ところが、こうした善良な人たちは戦争を自分の生きる手立てとなどせず、労苦と危険、それと栄光以外には戦争から何も得ようとはしなかった。十分に栄光に値する時点で彼らは家郷に戻り、それぞれの職分で生きていこうとしたのだ。また、身分の低い人びとや一兵卒にしても、事実同じように振舞った。各々が軍隊生活から離れたことが分かっており、また兵役についていなければ入隊を望まず、入隊していれば進んで除隊されたのだ。このことは多くの生き方に認められるが、その最たるものはローマ人民が一人ひとりの市民に与えた第一の特権の中でも、何びともその意思を無視して兵役につかされなかったということに見てとれよう。それゆえ、ローマが善く治められていた間は(グラックス兄弟まではそうだった)、戦争を稼業とする兵士などはいなかった。だから、堕落した兵士が少しでも現れると、その者どもはすべて厳しく罰せられたのだ。

結局のところ、制度が良く整備されている都市であれば、実践的な軍事活動は平和時に演習としてなされるか、有事には必然と栄光のためになされるべきものであって、戦争を仕事とするのはローマのように、ただ国家にのみ委ねられねばならない。そういった仕事に別のもくろみを持つ市民は、誰であれ善良ではないし、また他の統治の仕方をとる都市はいずれも善が制度化されてはいないのだ。

コジモ わたしはもう、これまでにあなたの述べられたことで十分満足です。それに、あなたの立てた結論がいたく気に入っています。共和国に関する限り、それが真実だと思います。しかし、王国となるとまだ分かりません。というのも、公的でなく私的な職業として戦争をする連中を、国王というものは身のまわりに置きたがると思うのですが。

ファブリツィオ 秩序ある王国であれば、その手の職業軍人にますます係わりあってはならんのだ。なぜなら、彼らこそが国王を堕落させる元凶であって、全員が専制体制の使徒たちだから。当今のどのような王国であれ、反対例として引き合いに出さないでいただきたい。そんな国が良く整った王国だなどというのであれば、わたしは諸君の前で否定してみせようと思っている。

それというのも、良き制度を持つ王国とは、軍事に関することを除けば自分たちの国王に対して絶対の命令権を与えはしないものだ。ただ、軍事活動には迅速な決定が不可欠であって、このためには統帥権なるものが存在するはず。それ以外のことについては、相談役に助言を求めずには何事もできるものではない。戦さがなければ生きていけないとばかりに、平和時にも戦争を望む連中が国王のそばにいるとすれば、国王の相談役たちとて恐ろしくてしようがない。いや、この点については多少大目にみるとして、最良の王国ではなく今日あるような国々について考究してみよう。そこでもまた、自らの生業として戦争に従事する者たちは国王によって警戒されねばならない。

軍隊の中枢とは、まったく疑うべくもない、それは歩兵隊だ。ならば、国王たる者、もしも自軍の歩兵たちが平和時には快く家に戻ってそれぞれの仕事で生活するように命令できなければ、当然滅びること請け合いとなる。なぜなら、私的な職業として戦争をする者どもからなる歩兵団以上に危険極まりないものはないわけで、そんな国の国王はずっといつまでも戦争を行うか、常時連中に俸給を支払うか、自分の国を奪われかねない危険を持ち込むことになるからだ。常に戦争などできるものではない。常に歩兵たちに支払い続けることも不可能だ。このとおり、必然的に国を失う危機に陥るという寸法だ。わがローマ人は、前にも言ったことだが、賢く善良であった頃には、自領の市民らが戦争を自らの職業とすることを決して許さなかった。いつでも兵士に俸給を支払うことができ、戦争に明け暮れていたにもかかわらずだ。

ところで、市民らをひっきりなしの軍事活動に引きずり込む害悪を避けるため、状勢も相変わらずであったこともあって、彼らローマ人は兵士となる人間を入れ替え、その数ある軍団《レギオン》〔歩兵三千人〕を具合よく十五年毎に刷新するという方策に出たのだ。こうすることで、あまたの人びとをその盛りの年代に役立たせることになった。十八歳から三十五歳、この時期は脚も、手も耳も、互いに敏捷に反応する。後の腐敗した時代のように、兵士の力が低下し〔法に背く〕悪意がはびこるのを待ち受けることもなかった。

後代の腐敗と言えば、最初にオクタヴィアヌスが、次にティベリウスが、公共の利益よりもむしろ自己の権勢に思いをめぐらせるようになったのが始まりだ。彼らは、ローマ人民をいとも簡単に支配できるようにと市民たちを非武装化し、またローマ帝国の辺境には継続的に同様の傭兵軍を配備した。それでもまだ、ローマ人民と元老院を抑え込むには十分ではないと判断して、親衛隊《プレトリアーノ》と呼ばれる軍隊を組織した。それはローマの城壁近くに、ローマ市街の背後にそびえる砦のように配置された。そこで彼らは、親衛隊に採用された者どもが軍隊生活を自分の生業とすることを勝手に認め出したわけだ。

が、ここからすぐに親衛隊兵士の傲慢が生まれ、連中は元老院にとっては恐ろしく、皇帝にとっては害悪をもたらす者となっていった。そんなわけで、多くの皇帝たちが連中の傲慢ぶりから殺される事態となった。というのも、親衛隊の兵士どもは皇帝権を奪っては、自分たちで適当と思われる者にそれを与えたからだ。そして、時にはたくさんの皇帝が同じ時期に、いろいろな部隊から選ばれる有り様だった。こんなことから最初に帝国の分割が進み、最後にはその崩壊となった。だから、どんな国王でも安泰に生きようとすれば、いざ戦争という際には祖国への愛にかけて馳せ参じ、その後平和が戻れば喜んで家に帰るような人びとからなる自前の歩兵団を持たねばならない。これはいつでも可能なはずであって、歩兵とは別の仕事で生活できる人びとを兵士に選べば済む話だ。こうして平和が訪れたなら、諸侯らは自分たちの人民の統治に、貴族らは自領の管理に、そして歩兵たちは自分自身の仕事に戻るように国王は望まねばならぬ。彼らの一人ひとりが自分から進んで平和のために戦い、戦争のために平和をかき乱すことのないように。

コジモ　本当にあなたのお話は、熟慮の上の議論と思われます。しかしながら、わたしが今まで考えていたこととほぼ反対なので、まだわたしの心からあらゆる疑いが一掃されたわけではありません。というのも、わたしは多くの領主や貴族方が平和な時世にあっても軍事に係わり合って生活しているのを目にするからです。たとえばあなたのような身分の方々のごとく、君主たちやいろいろな自治都市《コムーネ》から俸給を受けておられる。未だに、ほとんどすべての重装騎兵が、それぞれの俸給を貰い続け、多くの歩兵らは、さまざまな都市や城塞の守備隊に留まっているのです。それでわたしには、平和時であれ、どの兵士にも働き口があるように思われるのですが。

ファブリツィオ　あなた方フィレンツェ人が、どんな兵士でも平和時に働き口があるなどと、こんなことを真に受けているとはわたしは思わない。それというのも、別の理由を引き合いに出さずとも、あなた方の領有地に残っている兵隊くずれがおしなべてどうかという、わずかの例でその答えになろうはずだからだ。

戦時に必要な歩兵団は、平和時に採用される兵士の数の何倍いると思われるのか？　それに平和時にも城塞や都市が守られているといったところで、戦争時とは較べものにならない。これに野営している兵士たちが加わると、兵士の数は多大であって、このすべてが平和時には解雇されるわけだ。また、政府の守備隊はその数が少ないとはいえ、ユリウス二世やあなた方フィレンツェ人が誰の目にも明らかにしたとおり、こうした戦争以外にはあえて仕事をなしえない兵士たちが、どれくらい恐ろしいことか。だからあなた方は、連中の傲慢ぶりにたまりかねて彼らを守備隊からはずし、法の下に生まれ育ち共同体から厳密にえり抜かれたスイス人を守備隊につけているのだ。だからこそ、どうか平和時でもあらゆる兵士らに働き口がある、などと言わないでいただきたい。重装騎兵となると、平和の時世にあっては皆俸給だけが頼みだから、こんな〔支払い続ける〕解決策ではいっそう困難だ。ところで、よくよく考えてみれば答えは簡単、なぜならこうやって重装騎兵らを養うやり方は腐敗した良くない方法なのだ。なんとなれば、そうした兵士どもは戦争を稼業とする連中だから。彼らが十分な仲間数を募れば、自分たちが身を置く国々に幾千もの不都合をもたらすだろう。しかし、その数も少なく自分たちだけでは事を起こせなければ、そんなにしばしばひどい損害を与えたりするものではない。

だが実際は、幾度もそうだった。申し上げたとおり、フランチェスコ君や彼の父ムツィオ・アッテンドロ・スフォルツァ、それにペルージアのブラッチョのようにだ。兵士どもを居座らせるこんな慣習など、わたしは確かに認めはしない。それは腐敗であって、とんでもない不都合をもたらすことになる。

コジモ　あなたは、そんな慣習など無しでやっていこうと？　となると、兵力を維持するにあたってどうされるつもりなのですか？

ファブリツィオ　市民軍制〔国民軍制〕を通じてだ。といっても、フランス国王シャルル七世のもの[15]とは違う。なぜなら、この制度は今のわれわれのと同じように危険で横着であるから、古代人の制度に近いものによってだ。古代人は自分たちの臣民から騎兵隊を創りあげ、平和な時代にはその者たちを家々に帰して、彼らの仕事で生活していけるようにしたものだが、この話を片づける前にもっとじっくり論じておこう。確かに、このような騎兵隊は今でも、さらに平和時ですら戦闘活動で食っていけるとしたら、この制度からさえ腐敗が生まれる。俸給を支払って、わたしや他の隊長らを雇い入れておくことについて言えば、これもまた同じように腐敗極まりない仕組みだ。

というのも、賢明な共和国というものは誰にも俸給を支払ってはならず、むしろ戦時には自国の市民たちを隊長に据えるべきで、平和時には彼らがそれぞれの職業に戻るようにしなければならない。同様に賢明な君主たる者も俸給を支払うべきではなく、払うとすれば、しかるべき理由がなければならない。たとえば、抜きんでた功績のある者を賞揚するためとか、平和時戦時を問わず、何がしかの人物を活用するためにだ。そこで貴君はわたしを引き合いに出されたことだから、自分のことを例に取り上げてみたい。

わたしは、戦争を職業としたことなど決してない。どうしてかと言えば、わが仕事はわれらが臣民たちを治め彼らを守ることであって、彼らを守れるように、平和を慈しみつつも、また戦争を指揮することにあるからだ。そしてわたしのカトリック王フェルナンドは、それほどわたしを賞揚するわけではなく、わたしが戦争に通暁していることを買ってくれるのでもない、むしろわたしが平和時にも彼に助言できることに重きを置いてくれている。だから、どんな国王でも、身辺に助言ができないような者を置いてはならない。もしもその王が、賢明に統治するつもりであるならば。なぜなら、仮にあまりの平和愛好者か度をこした戦争好きを取り巻きにすると、国王を誤らせることになるからだ。このわたしの最初の話は申し上げたとおりであって、他に何も言うことはない。これでは貴君にとって不十分だとなれば、もっと満足のいくお方を探していただくしかない。

これで古代人のやり方を現在の戦争に導入することがいかに困難か、どのような準備を賢明な人物であれば為さねばならないか、それを実行するにあたっていかなる機会を待ち望みうるか、これらの糸口を見つけていただけたことであろう。諸君は徐々に、こういったことについてもっと分かるようになるはずだ。諸君にとって退屈な話でなければ、古代の制度のいくばくかを現代のあり方と比較するつもりだから。

コジモ　私たちとしては、そうした議論をこれまでのお話を伺う前にも望んでいたのですが、まさしく今までのお話で、その望みは倍増しました。ですから、これまでのお話についてはあなたにお礼を申し上げるとして、残りの話をお聴きしたいものです。

ファブリツィオ　諸君にとってそれほどの愉しみならば、わたしはこの話題を誰もがもっとよく理解できるよう原点から扱い始めたいと思う。こんな具合に進めれば、何びとにもはっきりと分かってもらえよう。戦争を為そうとする者の目的とは、広々とした戦場であらゆる敵とわたりあうこと、そして会戦に勝利することだ。これを為そうと望むなら、軍隊を組織するのが適っている。

軍隊を組織するには、多数の人間が欠かせない。彼らを武装させ、組織化し、小隊大隊編制で訓練し、宿営させ、次に止まれ進めの号令一下、敵の面前で隊列を整えさせなければならない。そういったことに会戦のすべての努力があるのだが、この努力こそは不可欠であって、もっとも名誉とされる。会戦の際、敵軍を前にして見事に隊列を整えうる者ならば、戦さの局面局面で間違いをしでかしても、そんなことは何とかしのげる。しかし、この鍛錬に欠ける者は、いくらその他の個々の戦闘ではすばらしくとも、決して戦争を名誉へと導きはしないはずだ。というのも、あなたが決戦に勝てば、これであなたの誤った行いはことごとく帳消しとなるように、同じく決戦に敗れれば、前もってあなたが首尾良く取り組んだことはすべて無駄となってしまうからだ。そこで、最初に兵士となる人びとを見つけてくるのが肝心であって、彼らの徴兵ということに行き着く。

このように古代人は徴兵と呼び慣わしていたが、そのことをわれわれなら兵士の選択と言うだろう。しかし、名誉ある名前で呼ぶためには徴兵という名前をそのまま残しておきたい。これまで戦争に論究した識者たち(16)は、一人ひとりが気力と思慮をもつように、温暖な国の出身者たちを選抜するのが望ましいとしている。その理由として、暑い国は思慮は深いが気力のない者たちを生み、寒いところは気力はあるが思慮の浅い者たちを生むというからだ。この規準は、全世界の王たる者にはうまく当てはまる。そんな王であれば、自分にとってよかろうと思う場所から人間を引っぱり出してくることも可能だ。

しかし、誰もが活用できる規準を挙げるとすれば、いかなる共和国、いかなる王国でも、そこが暑かろうが寒かろうが、すごしやすかろうが、自国から兵士を選び出さねばならない。なぜなら、古代の諸例からも分かるとおり、どの国であっても訓練次第で良き兵士を作れるからだ。それに、自然が欠けているところでは、努力が補完するというもの、この努力こそが今の場合自然よりも貴重なのだ。兵士らを他の場所で選んでくるなら、それは徴兵とは呼ばない。徴兵とは地域の最良の者たちを集め、従軍したいと望む者と同様に、そう望まない者たちをも選び出す権限のことだからだ。したがって、何びとであれ当人に帰属する場所以外では、この徴兵を行えるものではない。それは自分のものでない国から、これはと思う人を選べはしないということだ。だが、志願する人びとは抜擢する必要もあるが。

コジモ　その志願兵の中からも、ある者は選出され、ある者は選出されずということになりますね。それゆえ徴兵と呼ばれるのだと。

ファブリツィオ　貴君はある程度までは真実を言っておられるが、そのような徴兵制自体が持つ欠点を考えに入れていただきたい。なぜなら、多くの場合それは徴兵制ではなくなることもあり得るからだ。第一に、貴君の臣民でもないのに志願して従軍する者たちは最良の人びととは言えない、むしろある地方の最悪のワルどもだから。というのも、その地域での悪評が高く、怠けもので、抑制がきかず、無信仰、父権逃れ、ばち当たり、賭け事好きといった育ちの悪い連中が兵士になりたがるものなのだ。連中の習慣ほど、本当の良き軍隊に反するものはない。そんな者たちでも、貴君が予定したよりも数多くの兵士が提供されるなら、連中を選び出せる。しかし、素材が悪い以上、徴兵がうまくいくのは不可能だ。

ところで、多くの場合がそうなのだが、貴君が必要とする数を満たすほどたくさんの兵士が集まるものではない。そこで、連中のようなワルどもを全員選ぶハメになるが、これがもとで、徴兵制などとはおよそ呼べぬ歩兵を雇い入れるような事態が生ずるのだ。このような混乱が、今日のイタリアや、その他の国々の軍隊には起きているわけだが、ドイツは別だ。なぜなら、そこでは領主の命令によって一兵卒も雇い入れられず、従軍しようとする者の意志次第で集まってしまうからだ。

さて、そこで考えていただきたい。古代の軍隊のどういったやり方を、今現在、同じような手立てでかき集められた人間からなる軍隊に導入できるかを。

コジモ　結局は、どういった手立てをとるべきだ、とお考えですか？

ファブリツィオ　すでに申し上げたとおり。自国の臣民から、君主の権限で選び出すのだ。

コジモ　こうやって選ばれた者たちには、何がしかの古代の形が導入できるはずだと？

ファブリツィオ　よくお分かりのとおり、そうなのだ。この際、君主国であれば、そういった者たちに命令するのは彼らの君主か常の領主であること、共和国であれば、市民か時によっては首領であること、さもなくば、良い具合に進めるのは困難だ。

コジモ　なぜですか？

ファブリツィオ　おって述べることにして、今はこれで十分では、と思っている。他の手立てではうまく運べるものではない。
コジモ　それでは自分の祖国で、この徴兵制を敷かねばならないとすれば、あなたならどこから彼らを引っぱり出してくるのですか、市街区からそれとも周辺農村地域《コンタード》から？
ファブリツィオ　この点について書き著した先人らは、皆こぞって周辺農村地域から選出するのがよい、と一致している。そこの人たちなら不便に慣れっこで、労役の中に育ち、日なたに留まり、日陰を逃れ、器具の扱いに長じ、溝を掘り、荷物を運ぶのはお手の物、それに狡猾さもなければ悪意もない、とのことだ。しかし、この点についてのわたしの意見だが、兵士にも歩兵と騎兵の二種類ある以上、歩兵は周辺農村地域から、騎兵は市街区から選ぶのがよかろう。
コジモ　どのような年齢の人たちを、選び採られるのですか？
ファブリツィオ　はじめてわたしが軍隊を作らねばならんのであれば、十七歳から四十歳までの者たちを採用する。だが軍隊がすでにできていて、それを再建するのであれば、常に十七歳だ。
コジモ　どうも、このような区別が分かりませんが。
ファブリツィオ　軍隊のないところにそれを制度化するというのであれば、従軍するに足るだけの年齢なら、訓練できそうな人びとはみな選び出すことが必要であろう、どうやるかは後で述べるとして。一方、軍事制度があるところに徴兵制を敷かねばならんのであれば、すでに存在する軍隊に加えて、十七歳の者たちを採ろうということだ。なぜなら、もっと年齢のいった人たちは選抜入隊済みだろうから。

コジモ　そうなると、あなたはわれらが祖国のものと同じような市民軍制《ミリツィア》(17)〔国民軍制〕を敷きたい、と言うのですか？

ファブリツィオ　そのとおり。確かにわたしは市民らを武装化して、統率し、訓練を施して、それなりに編制するであろうが、あなた方フィレンツェ人が同じようにやられたかどうかは知らない。

コジモ　結局、あなたは市民軍制〔国民軍制〕を推賞されるのですね？

ファブリツィオ　勿論だが、わたしがそれを取り消す方がよいとでも？

コジモ　と言いますのも、多くの賢者はそれを非難してきたからです。

ファブリツィオ　賢者らが市民軍制を非難するとは、貴君も矛盾したことを言われるものだ。彼らがどれほど賢かろうとも、それは誤解というものだ。

コジモ　まさに市民軍制が残した悪しき苦難は、私たちに否定的見解を抱かせるように思うのですが。

ファブリツィオ　そうしたことはあなた方の汚点でもなければ、制度そのものの欠点でもないことに注意していただきたい。この話が終わるまでには、それも諸君に分かっていただけよう。

コジモ　そうしていただけるなら実に有り難いことです。わたしの方も、市民軍制を糾弾する識者らの論点について、あなたに申し上げるつもりです。そうすれば、もっと納得のいく説明がうかがえるでしょうから。

彼ら識者たちは、こんなことを言っています。もし市民軍制が役立たないものならば、われわれがそれに信頼を寄せることによって国《スタート》を失うことになるだろう、一方、この制度が効力ありとなると、それをいいことに市民軍制を統括する者がやすやすと国を奪うだろう、といった具合です。ローマ人を引き合いに出しては、ここに言う市民軍〔国民軍〕によって自由を失ったのだ、と。またヴェネツィア人やフランス国王を引き合いに出しては、一方は自国の市民の誰かに従うまでもないこととしてよその軍隊を利用したとか、フランス国王の方は自国の民衆をいとも簡単に支配するため、民に武器を取らせなかったというのです。

ところで、これ以上に識者らがたいそう恐れるのは〔この軍制が〕無益であることです。その無駄なことについては二つのおもだった理由を挙げています。一つは熟練兵でないこと、今一つはしかたなく従軍せざるを得ないこと。というのも識者たちの言い分では、市民兵は戦さを重ねて学び知るものではなく、それに強制からは何も善いことは生まれない、というわけです。

ファブリツィオ　貴君の言われた理由は、すべて物事を近視眼的に捉える人びとによるものだが、そのわけを忌憚なくお話ししよう。最初に無益という点についてだが、市民軍〔国民軍〕よりも有効なものはないし、それにこの方法以外に自前の軍隊の組織化などできはしない。

これには議論の余地がないから、わたしはそれほど時間をかけるつもりもない。なぜなら、古代の歴史がことごとく例示しているからだ。徴兵制反対の理由として経験不足と強制が挙げられるが、経験のなさは乏しい気力を生み、強制は不満を生むと見るのも確かなことだ。しかし、気力と経験とを彼ら市民兵〔国民兵〕に体得させるには、彼らに武器を取らせ、訓練し、組織するそのやり方次第なのであって、これからの話で分かっていただけよう。

ところで、強制ということだが、君主の命令によって入隊する人びとは、全面的に強制入隊するわけでも全面的に志願入隊するわけでもないことを、理解していただきたい。すべてが自発からでは、前にも言ったような不都合をもたらすばかりだ。これは徴兵とは言えず、出向く者とてほとんどなかろう。同じように、すべてが強制ずくめであれば悪しき結果を生むだろう。だから、強制だけでも自発だけでもない中間の道を取らねばならない。(18)そこでは民衆が、それぞれ君主に対して抱く敬意によって動かされるような、目先の苦難よりも君主の憤りの方を畏れるようでなくてはならない。常にその道は、くすぶる不満から悪しき結果へ至ることのないように、いわば自発と強制が混ぜ合わされる必要がある。

こうは言っても、それで敵に打ち負かされることがないわけではない。なぜなら、ローマ軍〔徴兵制〕は幾たびか叩かれたが、結局ハンニバルの軍隊〔傭兵軍〕も敗れ去ったからだ。こんなわけで、絶対に負けないと約束できるような軍隊を誰も組織立てることなど不可能である。

それゆえ、貴君の言われる賢者たちこそ、一度敗れたからと言って、(19)これを無益だと思う必要はない。むしろ、負けることもあるのだから、勝つこともあるとして、どうして敗れたのかについて対処していけばいい、と考えるべきなのだ。賢者らがこのように努めて考えれば、敗戦の理由が徴兵というやり方にあったのではなく、その隊列編制が仕上げられるまでには至らなかったからだと分かるはず。

前にも言ったように、市民軍制〔国民軍制〕を非難するのではなく、それを再度調整していく方向で準備せねばならなかったのだ。こうするためにいかに為すべきかは、徐々に理解していただけよう。こういった制度の頭目となる輩が、国《スタート》を奪うのではないかという疑念についても、お答えしておこう。自国の市民や臣民を屋台骨とする軍隊とは法制度に基づくもの、それは何ら損害をもたらさず、むしろいつでも有益なのであって、こうした軍隊を通じてこそ、それを持たないところよりもずっと長い間、都市は腐敗から守られるのだ。

ローマは四百年にわたって自由だった。そして軍備が整えられていた。スパルタは八百年。他の多くの都市は軍備を整えず、自由だったのは四十年にも満たない。都市〔国家〕というものは、軍備を必要とするものだ。自国の軍隊を持っていなければ、外国兵を雇い入れることになる。すると、他国の軍隊は自国の軍隊より公共の善に害を及ぼすことで急となる。なぜなら、外国軍はいとも簡単に腐敗し、有力な市民がいきおいそれを利用することになり、あとの手はずは簡単そのもの、丸腰の人びとを抑え込めば事足りるからだ。これ以外にも都市は、一人ではなく二人の敵を恐れざるを得なくなる。外国軍を利用するとなれば、すぐにも雇った当の傭兵隊長と有力市民に恐怖を抱くことになるのだ。

こういった恐れがいかなるものかは、少し前に話したフランチェスコ・スフォルツァのことを想い出していただきたい。自国軍を活用するところでは、有力市民以外に恐れるものはない。ところで、理由を言えばきりがないが、なかでもわたしはこう言っておくのが適当だと思う。つまり誰であれ、そこに住む人びと自身が武器を手にして自国を守ろうとしなければ、どのような共和国であろうと王国であろうと、秩序立てることはできなかったということだ。

もしもヴェネツィア人が自国の他の諸制度と同じように、この点〔市民軍制〕においても賢明であったならば、彼らはこの世に目新しい君主国を作っていたことだろう。ヴェネツィア人はそれこそ非難に値する。自分たちの最初の法律制定者らによって軍隊ができていたというのに……。が、彼らは陸地に領土を持たぬので、海辺で防備を固めていた。そこでは自分たちの戦争を見事にこなして、武器を手に祖国を拡げていった。しかし時代が下って、ヴィチェンツァ防衛のために戦争をしなければならなくなると、彼らは自国の市民の誰かをその地の戦闘に派遣すべきだったのに、自軍の傭兵隊長にマントヴァ侯爵(20)を雇い入れた。これが間違った決断であって、頂点に登りつめ勢力拡大をはかろうとして自らの両足を切断するようなものだった。彼らがそうした理由が、海なら戦争の術《すべ》がわかっていても、陸地では戦いにくいのではと警戒したことからだったとすれば、それは賢くもない疑いだった。なぜなら、海の指揮官は風や水や人間どもとの戦いに慣れているので、いとも簡単に陸の指揮官になれるからだ。また陸地では人間どもと戦うだけで、陸から海にかわるよりも容易なのだ。

わがローマ人は海ではなく陸地での戦闘に通じていたが、海ではめっぽう強かったカルタゴ人との戦争という段になって、海に慣れ親しんだギリシア人やスペイン人を雇い入れずに、こうした任務を大陸に送った自国の市民らに課し、そして勝利した。彼らヴェネツィア人がやったことは、自国のある市民が独裁者とならないようにするためであったとしても、それは考えの浅い恐れだったのだ。なぜなら、この点で少し前にわたしが述べた理由に加えて、これまで一人の市民とて海軍を使って海の都市の専制君主に納まったことなどなかったのだから、陸上の軍隊を使ってこれを為すことなどますますもってできはしない。このように、自国の市民たちに武器を取らせることが僭主をつくるわけではなく、政府の悪い制度こそが都市に圧制をもたらすことに気づかねばならなかったのだ。彼らヴェネツィア人は良い政府をもっていたのだから、自国の軍隊を恐れる必要はなかった。それゆえ、彼らは思慮に欠ける決断をしてしまったわけだ。これが彼らから幾多の栄光と多くの幸福を奪い去る原因となった。

フランス国王は自国の民衆を戦争に向けて規律正しく訓練などしていないといった点については（諸君の識者たちが例として引き合いに出していることだが）、フランス贔屓な点は措くとして、これがその王国の欠陥であって、この怠惰こそが国を弱体化させている(21)と判断しないような者は誰もいない。ところで、とんでもない脱線をしてしまった。たぶん、わたしの言いたいことからも外れてしまったようだ。だが、それも自国の民による軍隊以外には基礎を築けるものではないこと、自国の軍隊は市民軍制（国民軍制）の道以外には組織づけられないこと、どこであれ他の手立てでは軍隊の形式を導入もできなければ、他のやり方では軍規を整えられないことを諸君にはっきりと答えんがためだったのだ。もしも諸君がローマの初期の王たち、とりわけセルウィウス・トゥリウス(22)が作った制度を読まれるならば、階級制度とは他でもなく、その都市の防衛にあたって即座に軍隊を結成するための軍制だとわかるはずだ。

さて、われわれの徴兵制に話を戻そう。もう一度言っておくが、古い軍事制度を修復せねばならないのなら、わたしは十七歳の者たちをそこに採用したい。また新しい制度を創設せねばならないのなら、そこに十七歳から四十歳までのあらゆる世代の者たちを、すぐにも役立てるために採用するだろう。

コジモ　どのような職業から彼らを選ぶか、どう区別をされますか?

ファブリツィオ　先人たち〔ウェゲティウス等〕は区別を持っていた。というのも、鳥打ち人、漁夫、料理人、女衒《ぜげん》〔本来は仕立屋の意〕、それに気晴らしになるような仕事をする者は、誰だろうと採用したくないからだ。むしろ先人らは、土に携わる働き手の他に、鍛冶屋、蹄鉄工、大工、肉屋、猟師などを採用したいようだ。しかしわたしは、職業からその人の善意を推し量るといった区別はしたくない。むろん、その人をもっと有効に活用できるかどうかで色分けしたいのだが。

こんなわけで、土を耕すのに慣れた農夫たちは何よりも役立つものだ。なぜなら、あらゆる職業のなかでも農夫が、他の何にもまして軍隊に採用されている。この次に来るのは、鍛冶屋、大工、蹄鉄工、靴屋。こういった人たちをたくさん擁することが有益だ。なぜなら、彼らの仕事は多方面に応用がきくもので、一兵士を擁することで、そこから二重の仕事が引き出せれば、これはたいへん便利だからだ。

コジモ　そういった人びとが軍事向きとか、不向きだとかは、どこから分かるものなのでしょう?

ファブリツィオ　のちのち軍隊へと作り上げるために、新しい召集兵をどうやって選んだらよいか話してみたい。その幾分かは、古い徴兵制度を再建する際の選び方のところでも触れることになろう。

そこで、あなたが兵士として選び出そうとする者の良さとは、その者の何か抜きんでた仕事を通じての経験からか、または推測から知られるものだ。力量《ヴィルトウ》は、新たに選ばれるか、これまで選ばれたことのない者たちの中には見つけられない。それに後者については、新たに制定される徴兵制度で見つけるとしても、ごくわずかか皆無だろう。だから、徴兵経験が欠けている際には推測によらざるを得ない。推測は年齢から、職業から、外見から引き出される。この最初の二つは話したから、残るは三つ目だ。そこでだが、ある人たちは大きい兵士を望んだということだ。その人たちの中にはピュロス[23]がいた。他のある人たちは、頑強な肉体から兵士を選んだ。カエサルも同様だった。肉体も精神も、その頑強さなら、四肢の構造や表情から推察される。

ところで、外見について書き残した先人たち〔ウェゲティウス等〕が言うには、目は輝いて生気に溢れ、首は引き締まり、胸は幅広、両腕は筋骨隆々、指はみな長く、腹は引っ込み、胴は丸みをおび、下肢も足も細身でなければならないとしている。こんな体つきは常に人を機敏に力強くするもの、そしてこの二つこそ、他の何をおいても兵士に求められるものだ。また、特に習慣について、当人が正直で自制心があるかどうかを見定めなければならない。さもないと、騒動を起こす手先や腐敗の元凶を選ぶことになってしまう。なぜなら、不誠実なしつけや汚い心に、どこか誉められるに値する美徳《ヴィルトウ》が宿るなどとは、誰も信じないからだ。わたしには表面的なことだとは思えない。むしろ諸君に、この徴兵制の重要さをもっと理解してもらうためには、ローマの執政官《コンスル》たちがそれぞれの統治の最初に、ローマ人の軍団兵《レギオン》を選出するにあたって遵守したやり方を述べておく必要があると思う。この徴兵制では〔新旧の〕兵士らが取り交ぜることができるようにした。執政官たちはうちつづく戦闘のためもあって、退役した人びとと新しい人びととを選ばざるを得ず、老兵たちの経験と、これはと見込んだ新兵たちとで進んで行くことができたのであった。

そこで次の点が肝心なのだ。すなわち、この徴兵制によって兵士たちが召集されるのは、すぐにも動員するためなのか、当座は訓練を施して戦時につぎ込むためなのかということだ。わたしはこれまでにもこれからも、来るべき戦争に備えて何を制度化するかについて喋っている。それというのも、わたしの狙いは軍事制度が存在せず、しかも徴兵によってすぐにも使える兵士が得られない国々にあって、軍隊なるものをいかに制度化していくかを諸君に示すことにあるからだ。ところが、軍隊兵を徴募するのが、君主を通じてであれ、習慣となっている国々では、即座に兵士らをうまくかき集められるもの。たとえばローマに見られたように、今日のスイス人の中に見られるように、だ。なぜなら、こうして徴兵された兵士たちのうちには、新米兵がいても、軍隊規律に慣れた他の多くの兵士たちもまた存在するので、新兵・老兵ともども一緒になって統率のとれた良い部隊を作れるからだ。

またローマ皇帝たちですら常備軍を持ち始めてから、ティローネースと呼ばれた新参兵に対して彼らを訓練する教師を置いていた。それはユリウス・ウェルス・マクシミヌス皇帝(24)の生涯を見れば、明らかだ。こういったことはローマが自由であった期間には軍隊の中ではなく、都市内において制度化されていたことだ。

都市にあっては軍事教練は当たり前で、そこでは若者たちが演習に励んでおり、その結果いざ戦争に赴く兵士に選ばれると、模擬戦で心得たとばかりにすみやかに実戦に入っていくことができた。しかしその後、例の皇帝たちがこうした教練を廃止してしまったので、すでに話したような手段を利用しなければならなくなった次第だ。

だから、ローマの徴兵のやり方に話を戻せば、ローマの執政官たちには戦争遂行の任務が課されていたわけだが、彼らはその責務を帯びると、まず自分たちの軍隊を組織立てようとした(なぜなら執政官なら誰でも、ローマ人編制の軍団《レギオン》を普通二つかかえていて、これが彼らの軍隊の要であったからだ)。そして二十四人の軍執務官を創り上げ、その六人ずつをそれぞれの軍団に割り当てた。彼ら六人の軍執務官は、今日なら司令官と呼ぶ面々のする仕事を為した。それから武器を携えるに適したすべてのローマ人を参集させ、いずれの軍団の軍執務官たちをもそれぞれ別々に並ばせた。そうして、無作為に行政区分(25)をいくつか抽出し、その区域に属する者たちから最初に徴兵を行った。そして、一区域あたり最良の者四人を選び出した。このうちの一人が、第一軍団の軍執務官たちによって選ばれた。残る三人から一人が、第二軍団の軍執務官たちによって選ばれた。残る二人から一人が、第三軍団の軍執務官たちによって選ばれた。そして、残りの者が第四軍団に当たった。この四人の後で、また他の四人がある区域から選出された。そのうちの一人が、最初に、第二軍団の軍執務官たちによって選ばれた。二人目が第三軍団の軍執務官たちによって、三人目が第四軍団の軍執務官たちによって、四人目が第一軍団の軍執務官たちに残った。次にはまた他の四人が選出され、一人目を第三軍団が、二人目を第四軍団が、三人目を第一軍団が選び、四人目が第二軍団にとどまることとなった。

こんな具合に、この選び方は順送りに回っていったため、選抜が均衡をもたらし、各軍団は均質化していった。以前に断わったように、この徴兵制はすぐにも兵士を動員するのを可能とした。なぜなら、召集された人びとのかなりの部分が実戦の経験をもち、それにすべての者が模擬戦で訓練を積んでいるからだ。それで、推測と経験から、ここに言う徴兵制ができたわけだ。しかしながら、新しく軍隊を組織立てねばならないところでは、自ずとしかるべき時に兵士を選び出さざるを得ない。このような徴兵制を敷くには年齢と外観から得られる推測に基づく以外にはない。

コジモ　あなたの言われたことはまったく真実だ、と思います。とはいえ、別の話題に移る前に、ひとつ質問をお願いしたい。民衆が軍務に不慣れなところで徴兵制を実施するには、推測で選ぶしかない、とあなたは言われたが、わたしには想い起こされることがあります。それは、われわれの召集制度がいろいろなところで問題となっており、とくにその人数についての非難を耳にしたからです。というのも、多くの人は召集人数をより少なくすべきだ、と言っています。そうすれば、次のような成果が引き出される、つまりより良い人びとが厳選され、人民にも迷惑をほとんどかけずにすむ、と。また、選ばれた者たちには何らかの特典が授けられ、それによって彼らを実に満足な状態において上手に命令することができるはず、と。そこで、この点についてのご意見を伺いたい。あなたが少人数よりも大人数をよしとされるにしても、両方の数の場合について、どのようなやり方で兵士を選ぶのでしょうか?

ファブリツィオ　疑うべくもないことだが(26)、人数は少数よりも多いにこしたことはないし、またそうでなくてはならない。むしろ、こう言った方がよければ、大人数を組織立てられないところでは、完全な徴兵制度を整備していくことは不可能だ。連中が持ち出す理屈は、すべて楽々と粉砕してみせよう。

まず最初にだが、たとえばトスカーナ地方のようなたくさんの民衆がいるところでは、少人数なら選りすぐりの良い者たちとなるものではなく、徴兵制が厳選を期すわけでもない。なぜなら、兵士を選ぶにあたって、経験から判断しようとしても、そこには実績を証明できる人びとはいたって稀だろうから。確かに、なかにはわずかながら戦争に行った人もいるだろうし、そのわずかな人びとのうちのほんのひとにぎりの人たちが、他でもなく第一位に選ばれるほどの働きをしたにしてもだ。同じような場所で兵士を選ばなければならないなら、経験はともかくとして推測によって人を採用するのが適当となる。

ところで、こういった状況で兵士をどうしても選抜しなければならないとしよう。もしも、わたしの前に二十人の凜々しい若者が現れたら、どのような基準で、ある者は選び、ある者はそのまま放っておくものかを考えてみたい。すると誰であれ、疑いもなく全員を採用して武器を持たせ、訓練するのが間違いの少ないやり方だ、ともっともらしく言われると思う。彼らのうちで、どの若者がより良いのか分からないから、訓練を積んで実際に試しながら気骨や生命力にまさるのが誰かを判別するまでは、徴兵の確定を手控えようとする。こういった場合、すべてを考慮に入れても、より良い兵士たちを得ようとして少人数だけ選び出すやり方はまったく間違っている。祖国をやせ細らせることが少ない点では、市民召集兵はその数が多かろうが少なかろうが、何の面倒もかけない。なぜなら、この制度は人びとから彼らの仕事を取り上げるわけでもなければ、それぞれの私用で離れるのを無理矢理引き留めるのでもない。なぜと言って、彼らを拘束するのは、ともに参集して軍隊生活が営める閑暇時に限られるからだ。これは祖国にも民衆にも害を与えるわけではなく、さらには若者らにとっては悦びにもなるのではなかろうか。それというのも、農閑期に溜り場で陰気に暇をもてあますところでは、喜んで軍事教練に出向くであろうし、また武器を使った演習は、それは見栄えがするので、若者たちにとって愉しみでもあるからだ。

また、少人数なら支払いも可能で、このため兵士らには満足して従順に振舞ってもらえるという点については、彼らに見合うようにその額を支払い続けていく程度の、そんなごく少数の市民軍制度はあり得るものではない。たとえば、仮に五千の歩兵隊を組織するとしよう。彼らが満足するはずと誰もが認めるように支払うならば、少なくとも一月に一万ドゥカーティを彼らに与える必要が出てこよう。しかし第一に、こんな数の歩兵では軍隊を作るのに不十分だ。その支払いとて一国の許容し得るところではない。逆に言えば、兵士らを満足させて自国のために役立たせるには不十分だ。それでも、こうやって大金をつぎ込むのであれば、国力を失い、自国を守るにせよ戦争事業に乗り出すにせよ、十分とはいかなくなるはず。もっと支払ったところで、あるいはもっと兵士をかき集めたところで、彼らに支払うのはまったくもって不可能なこととなろう。より少ない支払いにするか、兵士の数を減らすとすれば、彼らを満足させるどころか、国にとっても何の利益にもならないだろう。だから徴兵制度を敷くにあたって、兵士が自国にいる間は金を出すものだと論じる連中は、できもしない無益なことを語っているのだ。

しかし、いざ出陣と戦争に率き連れていく時には、支払うのがもっともなこと。たとえ、こうした制度が平和時には入隊した兵士らの便宜を損ねても（そんなことはあるはずがないが）、その償いに一国の中で整備された軍隊は、ありとあらゆる善をもたらすというもの。なぜなら、制度化された軍隊なくしては、いかなる安全もないからだ。

結論を言えば、支払いが可能だからとか、他にも貴君の引き出された何らかの理由を盾に少人数を望む者は、徴兵制について何も分かっていないのだ。なぜなら、さらにわたしの意見を支えてくれる事実として、無数のいざこざから兵士たちの何人かが常に手元から減っていくこともあるわけで、少人数だと誰もいなくなってしまうかもしれない。その上、大がかりな召集を行えば、少数精鋭でいこうが頭数をとろうが、それは選択次第となる。さらにまた、この市民軍制は実際にも評判の上にも役立つところで、大人数ならいっそう評判が立つであろう。付け加えれば、人びとを軍隊生活に引き留めるために市民軍制を敷くとしても、たくさんの郷里《くに》にまたがって少人数を登録すれば、彼ら入隊兵たちは互いに離れればなれもいいところ、大きな混乱を起こさずに彼らを集め、軍隊生活を営ませることなど、できるものではない。日頃の訓練がなければ市民軍制などは無意味だ、その折にはどうやって訓練するかを述べることになろう。

コジモ　わたしの質問に対しては、あなたの言われたことで十分です。が、もう一つの疑問に答えていただきたい。論評者たちが言うには、このように武器を携えた大衆は、混乱、騒動、無秩序を祖国に生むものだと。

ファブリツィオ　これは、もう一つの無意味な意見といえる、その理由を申し上げよう。このように軍隊に組織化された者たちの起こしうる混乱には、二つある、自分たち同士の間か、他の人びとに対してかだ。最初のものは誰でも簡単に防げるもので、そこでは制度自体が備えなのだ。なぜなら、市民軍制度こそ兵士同士の間に生ずるゴタゴタ騒ぎの芽を摘み取って、混乱を招かないようにするものであるからだ。それに諸君とて、兵士らを秩序立てながら彼らに武器と隊長を与えている。仮に兵士を召集しようとする国が、人民同士武器を手にもしないほど戦争嫌いで、隊長らも必要としないほど統一されているとすれば、この市民軍制は彼らが外国に対しては猛々しくなるようになり、といって、どうあろうとも暴徒化するようなことは決してない。それというのも、きちんと組織化された兵士たちは法を畏れるものであって、武装された者であろうと丸腰の者であろうと同じこと、彼らを担当する隊長たちが反乱を企てない限り、兵士らも反乱できはしない。これをどうするかは、もう少ししたら話そう。

一方で、もしも兵士を召集しようとしている国が好戦的でまとまりのないところであれば、この制度こそが彼らを結びつける要因となる。こうした兵士らは、それぞれ自分たちのために武器を持ち頭目を据えているのだが、戦争には役立たずの兵力であって、頭目らも騒擾を助長するものでしかない。そこで、この制度は彼らが戦争にたいして有効な兵力となり、隊長たちをして騒擾の火消し役とさせるのだ。そういった国にあっては、誰かが傷つけられるとすぐにも自分の党派の頭《かしら》にかけ込むもので、頭の方は評判を保とうと、その者を支援して復讐をさせるので平和どころではない。だが、公の隊長なら反対に動く。つまり、こういった制度化の道を通じて騒擾の原因は取り除かれ、一体化する要因が準備される。まとまっていて戦争を好まない地方は臆病さを忘れ、一致団結し、無秩序で騒擾の絶えないところは一体化して、そのどう猛ぶりも普段ならバラバラに用いられるところが、公共の利益に変容するのだ。兵士らが他の人たちに危害を加えないようにするには、彼ら兵士を統率する隊長が動かない限り、そんな事態にはならぬことを考えておくのが肝心だろう。そして、隊長連が騒乱を起こさないようにするには、彼らに身に余る権力を持たせないことが必要だ。

考えておいてほしいのは、こういった権力は自然に、あるいは〔人物や役割の〕状況次第で獲得されていくということだ。自然に権力を手中にしないためには、その土地で生まれた者が当地で召集された兵士らの監督に当たらないように、むしろ一切係累のいない地域の隊長となるように配慮すべきだ。状況に対しては、毎年隊長たちが管轄を替えて異動する制度を整備することが不可欠となる。なぜなら、同じ兵士たち相手に権力が長期化すると、それぞれの間にたいへんな結束が生まれ、容易に君主を害する力へと転換し得るからだ。こうした配置換えを実施した人たちにとってはどれほど有益であったことか、またそうしなかった者たちにとってはどれほど損害であったか、アッシリア王国やローマ帝国を見れば分かるはずだ。

そこで明らかなのは、アッシリア王国は暴動もいかなる内乱もなく一千年続いたのだ。これは他でもなく、毎年、軍隊の指導にあたる隊長たちを、ある場所から別の場所へと配置転換したゆえに生まれた。ローマ帝国も例外ではなく、カエサルの血統が途絶えてからは、それは多くの内乱が軍隊の指揮官たちの間に生じ、またそうした指揮官らによって皇帝たちに対する多くの陰謀が起きている。これは、その指揮官らを長期にわたって同じ管轄に固定化させたことが原因だった。もしも、あの初期の皇帝たちや帝国を評判よく維持した次世代の皇帝たち、たとえばハドリアヌス、マルクス・アウレリウス、セウェルス等の誰かが用意周到にも指揮官の配置換えの習慣を帝国内に導入していたなら、疑いもなく国をもっと安定させ、もっと永続させたに違いない。なぜなら、指揮官たちが騒乱を起こす機会もわずかとなったろうし、皇帝たちにしても恐れる理由が少なく、空位の際には皇帝選挙にあたって元老院もいっそうの権威を持ったわけで、結果としてはよりよくなったはずだ。しかしでき損ないの慣習は、かたや無知と、かたや人びとの努力不足のために、悪い行いでも良い行いでも除去することはできない。

コジモ　もしかするとわたしの質問で、あなたの言われる市民〔国民〕徴兵制度からかけ離れたところに、あなたを連れ出してしまったのかもしれません。徴兵制のことからまた別の議論に入り込んでしまったのですから。そのことで、少し前に言い添えなかったとすれば、多少申し訳なく思っています。

ファブリツィオ　そんなお気遣いは無用。これまでの話は、すべて市民徴兵制度について話そうとすれば必要だった。それは、多くの人びとによって非難されていることゆえ、徴兵制の最初のところを理解しあうようにするためには、ご容赦願うしかない。それで、後半の話に入る前に、騎兵隊の徴兵制について述べておこう。古代人たちの間では、これはもっとも裕福な人びとから、その年齢や人品を考慮して成り立っていた。一軍団《レギオン》あたり三百の騎兵を選び出したものだ。そのため、どの執政官部隊にあってもローマ騎兵は六百騎を超えることはなかった。

コジモ　あなたは騎兵についても徴兵制度を敷き、各戸で訓練させておいて、いざという時にそれを役立てようとするのですか？

ファブリツィオ　むしろ当然のこと、自国の軍隊を持とうとし、騎兵を職業とする者どもを引っぱり出したくないのであれば、他には為しようがないのだ。

コジモ　どうやって彼らを選び出すのですか？

ファブリツィオ　それもローマ人に倣いたい。もっとも裕福な人たちを選んで、彼らに隊長をあてがいたい。今日、傭兵らに割り当てられているように。そして、彼ら富裕な者たちを武装化させ、訓練できればと思うのだが。

コジモ　こういった人びとには、何らかの俸給を与えるのがよいとでも⁉

ファブリツィオ　そのとおり。ただ、馬を飼育するのに必要な額だけを、だが。というのも、貴君の民にとって出費がかさむと、彼らは貴君に不平をつのらせることになるからだ。そこで彼らには馬を買い与え、飼育にかかる費用を支払うのが必要となろう。

コジモ　どのくらいの人数を選び出し、またどうやって彼らを武装させるのですか？

ファブリツィオ　貴君は、もう別の議論に移っておられる。わたしとしては、それに見合うところで申し上げるつもりだ。ちょうど、歩兵たちをどう武装すべきか、あるいは会戦にあたってどう整えるかについてお話しした上で。

第二巻

ファブリツィオ　〔戦闘〕要員が整ったならば、次に彼らを武装させる必要があろう。このためには、古代人がどのような武器を使用していたのか検討して、その中でも選りすぐりのものを採用するのが不可欠なはずだ。

　ローマ人たちは、その歩兵を重装兵と軽装兵とに分けていた。彼らは軽装備の歩兵をひっくるめて軽装兵〔ヴェリーティ〕と呼んでいた。この呼び名は、投石器、石弓、槍を使って攻撃をしかける全兵士のことで、その大部分は、自分の身を守るために頭を被い、腕には小さな丸楯のようなものがあった。彼らは隊列の外で、重装歩兵より離れて戦った。重装歩兵の方は肩まで被う兜をかぶり、膝まで届く垂れのついた鎧《よろい》で身を固めていた。脛《すね》と腕とは脛当てと籠手《こて》で被われ、縦二ブラッチャ〔約一二〇センチ〕、横幅一ブラッチョ〔約六〇センチ〕の楯に彼らは腕を通した。楯の上部には一撃に耐える鉄枠があつらえられ、下に取り付けられたもう一方の鉄枠は、地面を引きずっても擦り減らぬためのものだった。攻撃用には、一ブラッチャ半の剣を左脇に、また右の脇腹には短剣を帯びていた。手にはピリウムと呼ばれた投げ槍をかかえ、戦闘の口火が切られると、彼らはそれを敵目がけて投げつけた。これがローマ人の武器の主要なものであった。彼らは、これらの武器で全世界を手中に収めたのだ。

古代ローマの著作家の中には前に述べた武器のほかに、鉄の串状の大槍を彼らが手にしていたとしているが、わたしには楯を手にした者が、どうして重い大槍を操れるものか分かりかねる。それというのも、もし両手でその槍をしごこうとすれば、楯がそれを妨げる。片手で扱うとなると、槍の重さからいって、うまくは使いこなせない。加えて、激しい組討ちや隊伍を整え直して戦うのに、大槍は役立たずというもの、槍を存分に繰り出せる空間のある最前列なら話は別だろうが、それとても隊列の中では使い物にならない。なぜなら会戦の性質上、いずれその布陣のところで説明するだろうが、隊列というものは絶えず詰まっていく。たとえ不便でもこの方が恐怖心は減るわけで、隊列を拡げると、危険はこの上ない。だから二ブラッチャの長さを超える武器は、密集した隊列の中では役立たない。なぜなら、大槍を持って両手でそれを用いるのだとしても、楯の妨げがないと仮定したところで、至近距離の敵は傷つけられないからだ。もし楯が使えるように片手で大槍を持つとしても、その中心部でないと持ち上げることもかなわず、槍のかなりの部分は後ろの方にはみ出てしまい、また背後にいる味方が槍を使うにも妨げとなる。実際のところ、ローマ人はこのような大槍を持たなかったか、あるいはそれを持ったところで、ほとんど利用しなかっただろう。ティトゥス・リウィウスの『ローマ史』の中で描かれる栄えある戦闘情景を読むと、その中で大槍に触れるのは極めて稀なのが分かろう。むしろリウィウスが常に言うには、彼らは投げ槍を飛ばすと剣に手をかけた、と。だから大槍はよしておくとしよう、ローマ人には攻撃用の剣と、防禦には、これまで述べた武器を併用して楯で行いたいものだ。

ギリシア人は、ローマ人のように防禦用の重装備などしなかった。だが攻撃となると、剣よりも大槍に頼った。とりわけ、マケドニアの重装歩兵密集方陣《ファランクス》がそうで、サリッサと呼ばれる長槍を携行し、その長さは優に一〇ブラッチャあり、この槍でギリシア人は敵軍の隊列を切り開いて、その密集方陣隊形を維持した。ある著作家たちは、楯も用いたと言っているが、前にも述べたように、彼らがいかにしてそのサリッサを楯と併用できたのか、わたしには分からない。さらに、パウルス・アエミリウスがマケドニア王ペルセウスに対して行った決戦(1)では、楯について何か言及されたような記憶もなく、ただ長槍にローマ軍が大いに苦戦したことだけが思い起こされる。したがってわたしが推測するに、他でもなくマケドニアの密集方陣は現代のスイス重装歩兵大隊に相通じ、彼らは長槍にすべての努力を傾注してその威力を発揮しているのだ。

ローマ人は武器だけでなく、その重装歩兵隊を羽毛でもって飾り立てた。それは、友軍の眼には美しく映え、敵軍には恐ろしく映じた。古代ローマ初期の頃、騎兵の武具は丸型の楯であって、頭を被っていたが他の部分は無防備のままであった。剣と、先端だけが鉄の長くてやわな棒槍をもち、したがって楯を突き通すわけにはいかなかった。その棒槍は使っているうちに折れ、彼らは無防備なため傷を受けるがままだった。

その後、時代とともに騎兵は歩兵のような武具で身を固めるようになった。とはいえ、彼らの楯はより短く四角形で、棒槍はずっと頑丈になり、穂先が二本の鉄だった。それは一部分が剝がれても、もう一方が役立つようになっていた。このような武器を帯びて、歩兵と騎兵ともども、わがローマ軍は全世界を占領したのである。その成果を見る限り、これまでに存在したどの軍隊よりも、はるかにすぐれた武装軍団だった。ティトゥス・リウィウスはその『ローマ史』の中で、敵軍と比較してしばしば証言している。すなわち、「かたやローマ軍は、気迫《ヴィルトゥ》からいっても、武器や訓練の様式からいっても、比肩するものがなかった」と。だからわたしは、敗者の武器よりも、勝利者の武器について、こと細かに論じてきたのだ。

さて現代の武装の仕方を論じるのもよいだろう。歩兵は、防禦用に鉄の胸甲を、攻撃用にはピッカと呼ばれる九ブラッチャにおよぶ大槍をたずさえ、腰には、きっ先が鋭いというよりはむしろ丸型の剣を帯びている。これが現代の重装歩兵の通常の装備なのだが、背と両腕に防具を付けている者は少数で、頭部に至っては誰もいないのだ。その少数兵は大槍に代えて矛槍をたずさえ、その柄が周知のように三ブラッチャで、〔先に〕斧のような鉄製の刃がついている。さらにその中には火打石弓銃の使い手がおり、火薬の爆発力を用いて、古代の投石兵や石弓兵が果たした役割を担う。こうした武装方法は〔南〕ドイツの人民兵、なかでもスイス民兵によって編み出された。彼らは貧しくも、自由な生き方を求めたがるので、マーニャ〔ドイツ北方〕の君侯たちの野望と闘わねばならなかったし、今でもそうだ。君侯連中は豊かだから騎馬を飼育できるが、民兵たちは貧困ゆえにそれができない。そこで歩兵となって敵の騎兵からわが身を守るためには、古代の戦法に立ち戻り、狂乱する騎兵〔の突進〕から自己を防衛する武器を探り当てざるを得なかった。このような必然の結果、彼らは古代の装備を守るか再発見することになり、それなくしては、衆目が思慮深くも認めるように、歩兵は無用の長物となってしまう。それゆえ彼らは、武器として大槍を選び取り、それは騎兵軍に持ちこたえるばかりか、これを打ち破るのに極めて有効であった。これらの武器や戦闘様式のおかげで、スイス兵は大いに意気が揚がり、彼らの一万五千から二万の歩兵が、どんな騎兵の大軍をも攻略していくことになる。このことについては二十五年このかた、いやというほど実例を目のあたりにしてきた。そうした武器や陣容に基礎をおいた彼らの威力のもたらす先例がまことに強烈であったので、やがてシャルル〔八世〕がイタリアを席捲②してこのかた、どの国家もそれに倣うようになった。こうしてスペインの軍隊が、比肩するもののない評判を手に入れるまでになったのだ。

コジモ　あなたなら、いずれの武装方法をより高く賞揚なさるのですか、このドイツ方式かそれとも古代ローマ方式ですか？

ファブリツィオ　むろんローマ方式だ。そこで、両者の長所と短所をお話ししよう。かく武装したドイツ歩兵は騎兵に抵抗し、かつこれを打ち破ることができる。彼らは、武具の負担が少ないため、移動して隊形を整えるのにより迅速だ。反面、彼らは無防備だから、遠近を問わずありとあらゆる攻撃に身をさらす。要塞化された場所の攻撃には役立たず、また激戦で果敢な抵抗を受けると無力でもある。これに対してローマの歩兵は、ドイツ歩兵と同じく抵抗して騎兵を打倒した。甲冑で身を固めているために、遠近いずれの攻撃にもびくともしない。楯をかまえているので、突撃するにも突進を喰い止めるにも、いっそう好都合にできた。さらに白兵戦のときには、ドイツ歩兵の大槍よりも剣をうまく使いこなせた。ドイツ歩兵もまた剣を携行しているにせよ、楯がないのだから、そのような場合、剣など役に立ちはしない。ローマ歩兵は、頭部を〔防具で〕被い、さらに楯でも上手に守りながら、着実に都市を攻撃できた。このようにローマ歩兵の不都合と言えば、重装備とそれを身につけて行軍するときの煩わしさだけであった。それさえも、彼らは身体を不自由に慣れさせ、重労働に耐えるように仕向けて克服した。慣れたことには、人びとがいかに苦痛を感じなくなるか、諸君もご承知のとおりだ。そして、次のことも理解しなければならぬ。つまり歩兵軍は、〔敵の〕歩兵とも騎兵とも闘えることができねばならないということ、また騎兵に持ちこたえられない歩兵隊であれ、持ちこたえられるにしてもだが、自分たちより優れた装備でたくみに編制された重装歩兵を恐がるようではいつも役立たずである。さて、諸君がドイツ歩兵とローマ歩兵とを考えるなら、すでに述べたように、ドイツ歩兵の適性は、騎兵を撃破することにあることが分かろう。だがドイツ式の隊列をとりローマの重装歩兵のように武装された歩兵と戦う際には、大きな不利となる。というわけで、両者の利点はこういうことになるだろう。ローマの重装歩兵は、歩兵にも騎兵にもまさるが、ドイツ歩兵は騎兵に限られるのだ。

コジモ　わたしたちがそれをより良く理解できるように、何かもっと詳しい実例を挙げて下さるようお願いします。

ファブリツィオ　次のように言ってみようか。わが国の歴史のいたるところで、ローマの重装歩兵部隊が数えきれない騎兵隊を打ち破ってきたこと、またその武装に弱点があるとか、敵が武装の面で優越しているがゆえに、敵の歩兵隊に打ち負かされたなどということは、決して見当たらぬのはご承知であろう。その理由は、もしも彼らの武装に何らかの欠陥があったとするなら、当然次の二つのうちの一つに従わざるを得なかったからだ。つまり自分たちよりも装備が優れた敵に出会えば戦果以上の進撃はしないか、あるいは外国の様式を採り入れて自国のものは打ち捨てるかである。そしてローマ軍は、どちらの立場にも従わなかったのだから、いきおい彼らの武装方式がいかなる国の方式よりも卓越していたというわけだ。だがドイツ歩兵の場合にはこうはならなかった。というのも、自分たち同様に隊列を組み、しかも頑強な歩兵と戦わねばならぬたびに、ドイツ歩兵は悪い結果しか出せなかったからである。このことは、彼らが敵軍との初戦は有利であったことに起因している。ミラノ公フィリッポ・ヴィスコンティ[3]だが、一万八千におよぶスイス軍に攻撃された時、これを迎え撃つべく、当時総指揮官であったカルミニュオーラ伯[4]を送り込んだ。この人物、六千の騎兵と少数の歩兵を率いて敵軍を探し求め、そして彼らと干戈を交えるや、甚大な損害を受けて撃退されてしまった。そこで思慮深いカルミニュオーラは、たちどころに敵軍の威力と、彼らがいかに騎兵に立ち勝っているか、それとこうして隊列を整えた歩兵に対する騎兵の無力さを悟った。そこで部下の兵士をすべて編制し直し、再びスイス軍を求めて出撃した。そして敵に近づくと、部下の重装歩兵を馬より下ろさせた。このようなやり方で敵軍と戦い、敵兵三千以外はことごとく殲滅した。生き残った者は、完膚なきまでに叩きつけられたことを知るや、武器を地上に投げ出して降伏に及んだ。

コジモ　そのような大損害は、どこからもたらされてくるものなのでしょうか。

ファブリツィオ　わたしは諸君に、そのことを少し前に申し上げた。だがあなた方はそれをご理解にならなかったということだから、もう一度繰り返そう。ドイツの歩兵隊は、先ほども言ったところだが、身を守るにもほとんど無防備で、攻撃用としては長槍と剣を持っている。彼らはこれらの武器を使い、隊列を整えて敵勢にのぞむのだが、もしもその敵兵が重装備で防禦が固いとなると、ちょうどカルミニュオーラが下馬させた重装歩兵のようなら、剣を手に戦闘隊形を組んで応戦してくることになる。他でもなくスイス歩兵に近づくのは困難ではあるけれども、剣が届くまで〔相手の懐に〕肉迫するのはそれほどでもない。というのも、飛び込んでしまえば、相手を確実に倒せるからで、それにドイツ兵は槍の柄が長いため、目前の敵に一撃を加えることはできず、いきおい剣を手に取ることになるわけだが、それは無駄というもの、兵士は無防備なのに、組み合う敵は全身装備で固めているのだ。したがって、双方の利点と不利な点とを考えあわせれば、武装していない兵士には何の対抗策もないことが分かるだろう。そして攻める側の装備がしっかりとしていれば、前哨戦に打ち勝ち、長槍の切っ先をくぐり抜けるのは至難のわざではない。というのも、大隊の隊列が動き始め（わたしが諸君に全隊列の動きを説明する時には、もっとよく理解してもらえようが）、さらに進めば、当然両軍が互いに接近して、胸ぐらをつかみ合うまでになる。たとえ長槍によって幾人かが突き殺され、地面に叩きつけられても、生き残る歩兵は多数であり、勝利を得るには十分だ。だからこそカルミニュオーラは勝利し、スイス兵の大量死と味方のわずかな損失で済んだ。

コジモ　カルミニュオーラの兵士が重装備をしており、彼らは歩兵なのに全身鉄で被われ、だからそうした成果をあげることができた、とお考えなのですね。たしかに私も、同じ成果を望むなら、歩兵を彼らのように武装する必要があると思います。

ファブリツィオ　もし諸君がローマ軍の装備について、わたしの話を思い出してもらえるなら、そのことばかりを考えないようにしていただきたい。それというのも、歩兵が鉄兜をかぶり、胸部は胸甲と楯とで防禦し、脚と腕にも武具を備えているとなれば、長槍からわが身を守り、敵のただ中に突入するのに実に適しているものの、それが重装歩兵なのではない。

現代の実例を、わずかばかりお話ししよう。スペインの歩兵隊が、シチリア経由でナポリ王国に到着したことがあったが、フランス軍に〔南イタリアのプーリア地方〕バルレッタで包囲されていたゴンサルボ[5]を救援するためであった。対峙していたのは、配下の重装騎兵と約四千のドイツ歩兵とを率いた〔フランス軍の〕ウービニー閣下[6]であった。ドイツ兵が至近距離に迫る。彼らは長槍を低くかまえて、スペイン歩兵を切り開く、だがスペイン兵は、彼らの丸型小楯と敏捷な身のこなしに助けられて、ドイツ兵と混戦状態となり、相手に剣が届くまでになった。すると相手兵士のほとんどが戦死し、スペイン軍の勝利に帰することとなった。ラヴェンナの会戦[7]では、どれだけたくさんのドイツ歩兵が戦死することになったかは周知のとおりだ。これも同一理由に帰因する。というのも、スペイン歩兵は剣の届く距離までドイツ兵に近づいたからであり、さらに彼らを殲滅していたことでもあろう。もしフランス騎兵によってドイツ歩兵が助け出されていなかったならばだが、とはいえスペイン軍は隊列を緩めることなく、安全な場所に待避した。したがってわたしの結論は、優秀な歩兵ならば、ただ騎兵に抵抗できるばかりでなく、〔他の重装〕歩兵を恐れもしないということ、これは、幾度となく述べたように、武器と隊列編制から生ずるものなのだ。

コジモ　それでは、あなたならどのような具合に武装しようと仰るのですか。

ファブリツィオ　わたしなら、ローマ兵とドイツ兵の武装とを採り入れたいと思う。半分はローマ式に、残りの半分はドイツ式に武装させてみたい。それというのも、六千の歩兵のうち、すぐあとで〔隊列編制の〕説明は申し上げるけれども、三千の歩兵にはローマ式に楯をもたせ、ドイツ式の長槍が二千、火打石弓銃兵が千なら、それで十分だからだ。それに、わたしは長槍を大隊の前面か、あるいは騎兵〔の来襲〕がいっそう懸念されるところに配置したいので、楯と剣を手にした歩兵については、あとでお示しするが、長槍隊の援護と会戦の勝利に役立てたいのだ。だからこのように配置された歩兵隊は、今日、他のあらゆる歩兵隊を凌駕できるものと信ずる。

コジモ　あなたが仰ったことは、歩兵に関しては十分だと存じます。しかし騎兵の武装となると、現代と古代とではいずれがより強固とお考えか、わたしたちは知りたいものです。

ファブリツィオ　わたしが思うに、昨今では古代人が使うことのなかった鐙《あぶみ》や湾曲した鞍のおかげで、騎兵は当時よりも随分力強くなっている。さらに装備もずっとたしかなのだが、現代の重装騎兵は重すぎて、古代の騎兵よりも実に持ち上げづらい。こうしてみると、わたしは古代ほどには騎兵をあまり重要視すべきでない、と判断する。その理由は、先にも述べたように、当代では幾たびも歩兵相手に恥をかかされてきたし、また前に述べたごとく、武装して隊伍を組んだ歩兵隊と相対するときは、いつでも苦杯を喫するだろうからだ。アルメニア王ティグラネス[8]は、ルックルス[9]を指揮官に仰ぐローマ軍に相対するに、十五万騎を擁した。その多くは、現代の重装騎兵のように武装を固めており、彼らは鎧《よろい》騎兵〔カタフラッティ〕と呼ばれていた。他方、ローマ軍は騎兵六千のまま、歩兵は二万五千だったので、ティグラネスは敵勢に目をやりながら、「これでは、一使節団にしては大層な騎兵だ」と言ってのけた。にもかかわらず、合戦となると彼は敗れ去った。この戦闘を記述した人たちは、鎧騎兵は役に立たぬとしてくさしている。というのも、顔が被われているから、敵を識別して攻撃しづらく、また武装が重いため、落馬するとひとりでは二度と起き上がれず、どんな方法にせよ、何かの役に立つことがないのだと。そのため、わたしが言いたいのは、歩兵よりも騎兵を尊重する共和国であれ王国であれ、それは常に弱体であって、現代のイタリアのように、ことごとく破滅にさらされるということ、イタリアが外国勢の略奪、破壊、侵略を受けたのは、何よりも歩兵軍を蔑《ないがし》ろにして、自国の兵士をすべて騎兵に絞り込んだ過ちにあるのだ。むろん騎兵を備える必要はある。しかし、自国軍の中の第一ではなく第二の拠り所としてであり、というのも、斥候に出るにも、敵地を駆け抜けて破壊するにも、満を持す敵軍の神経を消耗させるにも、敵の糧道を断ち切るにも、必要かつ有効この上ないからだ。しかし、戦争の要であり、隊列編制をする当の目的ともなる会戦や野戦ということになると、騎兵は戦場で果たす他の何事にも増して、撃破できた敵を追跡するのに役立つのであって、歩兵の威力に較べれば、はるかに劣るものなのだ。

コジモ　わたしには二つの疑問があります。その一つは、わたしが承知するに、パルティア人は騎兵だけで戦争を行い、しかもローマ人と世界を二分したということです。二つ目は、あなたが言われたことなのですが、騎兵は歩兵に打ち負かされるという点で、どこから歩兵の力量《ヴィルトウ》と騎兵の脆さが生まれるものなのでしょうか。

ファブリツィオ　諸君に申し上げたのだったか、申し上げようと思っていたのだったか、まさに戦争についてのわたしの議論は、ヨーロッパの範囲を越えるものではない。となれば、アジアで一般に行われていることを説明するのは、わたしの義務ではない。ただし、このことは申し述べておかねばなるまい。パルティア人の軍隊は、ローマ人の軍隊とは正反対だったということ、なぜかといえば、パルティア人は皆馬に乗って軍事行動を行い、戦闘中は、統制も隊列もなく前進し、不安定で不確実性に満ちた戦いぶりであったのだ。ローマ軍は、いわばほとんど全員が歩兵で、かつ打って一丸となって戦った。そして両者の勝敗は、地勢の広さや狭さにしたがってさまざまだった。というのも、戦場が狭いとローマ軍の優勢で、広いとパルティア軍なのだ。彼らは、防備しなければならぬ地域については、騎兵軍の力で大偉業を成し遂げることができた。その土地は広大無辺ときて、海は一千マイルの彼方にあり、河川の間隔は二日ないし三日間の行程を要するほど、都市も同様で住民は疎らときている。だから、ローマ軍部隊は、その装備の重量と隊列からして動きが鈍く、防禦側は騎上にあって敏捷この上ないため、敵中をよぎって進むと必ずや大損害を受けた。敵勢はまるで今日ここにいるかと思えば、明日には五〇マイル遠方という具合で、結果としてパルティア人は、騎兵だけで勝利を収めることができたし、それにクラッスス軍を壊滅させ、マルクス・アントニウス軍を窮地に陥れたのだ。(10)しかしわたしは申し上げたように、この議論の中で、ヨーロッパ以外の軍隊について述べるつもりはない。したがって過去のことでは、ローマ人とギリシア人が編み出した軍隊に、現在においてはドイツ人に執着したいと思っている。

ところで、諸君の別の質問に移ろう。諸君が理解したがっていたのは、歩兵が騎兵を打ち負かすのは当然とする点で、どのような隊列編制あるいは力量《ヴィルトゥ》がそうさせるのか、ということだった。まず申し上げたいのは、騎兵が歩兵のようにはあらゆる場所に出没できないことだ。命令変更の際には、それに従うのに歩兵よりも時間がかかる。たとえば、前進中に退却せよ、あるいは、退却中に前進せよ、停止中に動け、あるいは動作中に止まれ、といった必要があると、明らかに騎兵は歩兵のように整然と対応できるものではない。何らかのはずみで混乱に陥ったとき、騎兵がもとの態勢を取りもどすのは至難のわざ、その要因が収まってもなお大変だが、歩兵ならいたって迅速だ。これに加えて、よくあることなのだが、勇敢な兵士が臆病な馬にまたがり、臆病な兵士が駿馬に騎乗することがあれば、いきおいそうした精神の不均衡が、混乱を招くことになる。

歩兵部隊が騎兵の突撃に対抗するからと言って、誰も驚くことはあるまい。そのわけは、馬は勘の良い動物で危険を察知し、そこへ飛び込むのをためらうからだ。また諸君に考えていただきたいのは、どのような力が馬を前進させ、何が後退りさせるかなのだが、まぎれもなく馬を踏み止まらせる力の方が、前に押し出す力よりも大きいことが分かっていただけよう。というのも、馬を前に出すのは拍車だが、反対に止めるのは剣であり槍なのである。だから、古代や現代の経験に照らして分かるのは、歩兵部隊は騎兵に対してきわめて確実であり、それどころか騎兵にやられはしないということだ。もし諸君が、馬は勢いに弾みがつき、それを喰い止めようとする者めがけて狂ったように突進して、拍車に比べれば槍など物ともしないと論ずるなら、こう申し上げよう。もし馬が離れたところで、槍の穂先に当たると悟りはじめるや、自分で進路にブレーキをかけ、まるで痛みを覚えるかのように、まったく立ち止まってしまうだろう。あるいは、穂先に当たると、右に左に向きを変えるかのどちらかだ。これを実験したければ、壁に向かって馬を突進させてみるがよい。あなたがたの言われる勢いをもってしても、馬が壁に激突するのはまずないことが分かるだろう。カエサルだが、フランスでスイス〔ヘルヴェティア〕人と戦うことになった時、自ら下馬し、また兵士全員を歩かせ、馬を隊列から切り離して進ませた。それは戦うよりも、逃げるのに適した場合であった(11)。しかし、このように自然が馬には支障となるにもかかわらず、歩兵を率いる指揮官たる者は、できる限り馬の通行がむずかしい難路を選ばなくてはならない。誰しも地の利を生かせぬようなことは、めったに起こるものではない。なぜなら、丘を伝って行軍すれば、諸君が危惧する騎兵の急襲から逃れられるし、もし平原を通るとしても、耕作地か森を抜けることで、安全でないような平原は少なくなる。それというのも、灌木地帯や堤はたとえ貧弱でも、騎兵の急襲を防いでくれるし、耕作地ならブドウの木や他に果樹があって、騎兵を妨げるからだ。また会戦の行軍の時にも、それと同じことが起こる。というのも、馬にとってどんな些細な障害でも、馬の気力を殺《そ》いでしまうのだ。ともかく一つのこと、すなわち、次のことを忘れず申し述べておきたい。つまりローマ人はその隊列編制を非常に重視し、彼らの武器をきわめて信頼していたということ、だから戦場を選ばざるを得ない場合、一方の場所は騎兵から身を守るためだが実に険しく、自軍の戦闘隊形がとれないほど、他方はもっと騎兵の脅威にさらされるけれども、自軍を展開することができるとなれば、決まってこの展開しやすい方を選び険しい土地を捨てた。ところで、そろそろ軍隊の教練に話題を移そう、これまで歩兵を古代ならびに現代風に従って武装させたのだから、歩兵が決戦に向かうのに先だって、彼らにどのような教練をローマ人が課したか見ることにしよう。彼ら歩兵は首尾よく選び抜かれ、装備も上回っているとはいえ、教練はこの上ない探究努力を重ねて行われねばならない。その理由は、この教練なくして、いかなる兵士とても決して良くはならないからだ。こうした教練は三分野に分けられる。第一は、肉体を鍛練し、困難に立ち向かい、敏速ですばしくすること、第二は武器の操作法に習熟すること、第三は軍隊における隊列編制を遵守すること、行軍中でも戦闘中でも野営中でもである。それらは軍隊の三つの主要な活動であり、というのも、軍隊が整然と熟練ぶりを発揮して行軍、野営、戦闘を営むなら、たとえ決戦が不首尾であったとしても、指揮官の名誉となるからだ。したがって、これらの教練をこそ、古代のあらゆる共和国は義務づけたのであって、ちょうど習慣や法律を通じて、どの分野もなおざりにされることはなかった。それで自国の若者を鍛え上げ、迅速に走らせ、跳躍にかけては機敏に、棒杭《ぼうくい》を投げ飛ばすのにも格闘にも強くなるようにした。これら三つの資質はひとりの兵士において実に不可欠なもの、なぜなら、迅速であれば敵よりも先に拠点を奪取でき、予想だにせぬ敵に不意打ちをかけたり、負傷した敵の追尾にうってつけだからだ。機敏であれば一撃をかわし、溝を飛び越え、保塁を越えられる。力強さがあれば武具をまとい、敵を攻め立て、敵の猛攻に持ちこたえることができる。とりわけ肉体を困難に耐え忍ばせるようにと、彼らは重量物を運ぶのに慣れ親しんだ。こうした習慣が必要なのは、困難な遠征になると、兵士は武器に加えて多くの日数分の食糧を運ぶようなことがたびたび起こるものなのだ。もしもこのような労役に慣れていなければ、運べるものではないし、そうなると危険から逃れることもできず、名声に輝く勝利も手に入れられないだろう。

武器の操作を学ばせるのに、ローマ人は兵士たちに次の方法で訓練した。若い兵士らに実際の二倍の重さの武具を身につけさせ、剣の代わりに鉛製の棒を与えた。それは剣に較べて、いたって重かった。それぞれの兵士に、地面に一本の棒杭を三ブラッチャの高さに立てさせたが、それは打撃を加えても、折れたり倒れたりしないほど頑丈なものだった。この棒杭を相手に、若者はそれを敵に見立て、楯と棒とで訓練した。時には、頭か顔面を傷つけるかのようにその棒杭に突きを入れ、時に脇腹を、時に両足を狙い、ある時は後に身をひき、ある時は前方に身をかわした。こうした教練には、次のような目標があった。つまり自らの身をかばい、敵に手傷を負わせるということ、それに模擬の武器がきわめて重たかったので、後に本物の武器はずっと軽く感じられた。ローマ人は自軍の兵士が攻め立てる際、刃ではなく、きっ先を用いるように求めた。たしかに、突く方が致命的で、防禦もしにくいし、また攻めにスキがなく、斬りつけるよりも繰り返しが利くためである。古代の人たちが、こんなごく些細なことまで考えていたとしても、驚くには及ばない。というのも、兵士たちの白兵戦が論じられるところでは、どんなこまかい利点でも決定的な要因となるからだ。この点については、わたしから諸君に教示するよりも、著述家たちの言及を思い起こしていただきたい。共和国において何が幸いなことか、古代人の評価は他でもなく、多くの人々が軍事教練にいそしんでいることであった。なぜなら、敵を屈服させるのは宝石や黄金の輝きではなく、ひとえに軍事力への恐怖心なのである。さらには、戦争以外のことでなされる過ちは、何度か正すことができるが、戦争での過ちは、その罰がたちどころに現れるから、とり返しがつかない。これに加えて、戦うことを知れば人間はより大胆になるもの、というのも、やり方を習い覚えたとみなせば、そうするのを誰も怖れはしないからだ。それゆえ古代の人たちは、自国の市民たちがあらゆる戦闘活動の訓練を積むことを望み、彼らには実物より重い投げ槍を、例の棒杭めがけて投擲《とうてき》させた。こうした教練が、人びとを投擲の達人にさせるばかりでなく、彼らの両腕をいっそうしなやかで頑強にさせた。古代の人たちはまた、弓や投石器で射ることも人びとに教え、これらすべてに対して、指導者を置いた。こうして、のちに彼らが選抜されて戦争に赴くや、すでに兵士としての気力と素養が具わっていた。

彼らが学び残したことといえば、行軍中にせよ戦闘中にせよ、その隊列編制と自分の位置取りのみであったが、これを彼らは、多年の実戦経験から隊列維持に習熟した古参兵と交わることで、簡単に会得することになったのだ。

コジモ　あなたなら、今日の兵士にどのような教練を施そうとされますか。

ファブリツィオ　これまで申し述べたことで十分、たとえば、走ること、腕ずくで格闘すること、飛び越えること、普段より重い武具に耐えること、石弓や弓を射ること、さらに付け加えるとすれば、ご存じのように、新兵器の火打石弓銃が必要となる。そして、これらの演習をできれば我が国の全青年に習慣化させたいものだが、大変な努力とさらなる配慮が要るとしても、わたしが以前に述べたあの年齢層に対して行い、休みの日には、常に教練に励んでもらいたい。さらに、彼らには水泳術を身につけてほしい。これはきわめて有用で、川にはいつも橋が架かっているわけではなく、必ずしも舟が用意されているとは限らないからだ。だから、貴下の軍隊が水泳術を知らなければ、多くの便宜が奪われて、首尾よく運ぶ好機もとり逃がすことになる。ローマ人は、若者がマルス広場で教練を受けるよう命じたが、これは他でもなく、近くにテーヴェレ川があるため、地上訓練で疲労すれば、水に入って元気を回復できると同時に、泳ぐ訓練でもあった。またできれば古代人に倣って、若者に騎兵の教練を施したい。それが必須のものであるのは、乗馬できることに加えて、人馬一体となって役立つようにするためだ。だからこそローマ人は木馬を準備して、その上で練習を積み重ね、人手をかりず、どちらの向きからも、武装したまま跨いだり、武具をつけずに飛び乗ったりした。それにより、指揮官の号令一下、騎兵は瞬く間に下馬し、同じく合図ひとつで再び馬上の人となった。

そして、こうした歩兵や騎兵の訓練は、当時は容易であったように、現代でもそれを自国の若者に実践させたいと望む共和国あるいは君主国なら、困難なことではないはずであろう。たとえば経験からして、西欧諸国のいくつかの都市では、この教練と似たようなやり方が、今なお守られているのが分かる。彼らは、その全住民をいろいろなグループに分類し、それぞれ戦争で用いる武器の種類にしたがって、各グループに呼称を与えるのだ。グループで使うのが大槍、矛槍、弓、火打石弓銃だから、大槍団、矛槍団、火打石弓銃団、弩《いしゆみ》団、とそう呼ぶのである。そこで全住民は、自分がどのグループの兵籍に入りたいかを明らかにする。年老いていたり、何かほかに障害があったりで、全員が戦争に赴くわけではないから、グループごとに選抜を行い、それぞれ選ばれた者を宣誓兵と呼ぶ。彼らは休日に、登録されたグループの武器を手にして、教練に参加するよう義務付けられている。各グループには政府から割り当てられた場所があり、そこで教練が実施されるのだ。あるグループに属しているが「宣誓兵」ではない人びとは、その訓練に要する実費を分担する。

したがって、彼らが行っていることは、われわれも実行できるはずだろう。だが、われわれの思慮が欠けているため、そうした良策は採り入れぬままだ。これらの教練のおかげで、古代人は優秀な歩兵を保有し、そして現代、西欧諸国はわれわれより優れた歩兵を備える結果となっている。というのも、古代人はいくつかの共和国がそうであったように、在郷で教練を行い、あるいは皇帝たちのしたように、軍隊の中で訓練したわけで、その理由は前に話したとおりだ。ところが、われわれは在郷での教練を何ら望まないし、また戦場でもできはしない。なぜなら、〔当の兵士が〕われわれの領民ではなく、自分たちの意のままに振る舞いたがり、他に訓練など義務付けることなどできないからだ。このような理由で、第一に教練が蔑《ないがし》ろにされ、さらには隊列編制が無視され、とくにイタリアの王国や共和国は、現代とみに弱体化している。

ところで、われわれの隊列に話を戻そう。そこで、この教練のテーマに続けて申し上げておきたいが、優秀な軍隊を作るには、兵士を困苦に慣れさせ、力強く、すばやく、機敏にさせるだけでは十分ではない。さらに兵士は、隊列での位置、指揮官の号令や鼓笛や合図に従うことを学び、また停止、後退、前進、戦闘、行軍中のいずれであれ、その隊列が維持できるように習得しなければならない。なぜなら、こうした規律がなければ、いかに粉骨砕身努力しようとも、決して優れた軍隊とはいかなかったからである。疑うべくもなく、勇猛であっても統制のとれない兵士は、臆病ながらも組織化された兵士に較べればずっと弱体ときている。というのも、隊列編制は兵士から恐怖心を駆逐し、無秩序は勇猛を殺《そ》ぐのだ。

さて、これから述べる事柄をよりよく会得するために、諸君が知っておくべきことは、どの国家にしても、自国民をまとめて戦争に備えるには、持ち前の軍隊か、あるいは市民軍を中核としたということだ。その呼称はさまざまだったが、兵員数にほとんど違いはなかった。というのは、すべて六千から八千人の兵士で成り立っていた。ローマ軍の中核はレギオンと呼ばれ、ギリシア軍はファランクス、フランス軍はカテルヴァだった。これと同様なのが現代のスイス軍で、古代の軍制の名残を幾ばくかとどめている唯一のものだが、それは彼らによって、われわれの大隊〔バッタリオーネ〕[12]に相当する言葉で呼ばれている。たしかに各国家それぞれ、大隊をさらにいくつかの小隊に分け、目的に応じて編制した。そこでわたしは、より親しまれているこの〔大隊の〕名称をもとに、われわれの話を進めていこうと思う。そして古代と現代の隊列編制に従って、できるかぎり首尾よく大隊を編制してみたい。ローマ人は、五千ないし六千の兵士で構成されていた軍団《レギオン》を十の中隊に分けていたが、わたしなら、われわれの大隊を十小隊に分け、大隊を歩兵六千人で構成したい。それぞれの小隊には四百五十人を配属させ、その内の四百が重装歩兵で五十が軽装歩兵としよう。

　重装歩兵は、三百が楯に剣を持って楯兵と呼ばれ、百が長槍で正規長槍兵と呼ばれる。軽装歩兵は五十で、火打石弓銃、石弓、三尺槍、小さな丸楯を装備する。こちらの方は、古代の名前をとって正規軽装兵と呼ばれる。それゆえ、全十小隊を合わせると三千の楯兵、千の正規長槍兵、五百の正規軽装兵となって、これらすべてで四千五百の歩兵数に達する。われわれは一大隊を六千の歩兵で作ろうとしているわけだから、他に千五百の歩兵をつけ加える必要がある。このうち千人に長槍を持たせて、予備長槍兵と呼び、五百には軽装備を施して予備軽装兵と呼んでおこう。こうしてわが歩兵隊は、すこし前に言ったことに従えば、半分が楯兵、半分が長槍かほかの武器を手にした兵ということになる。各小隊には一人の司令官、四人の百人隊長、そして四十人の十人隊長を配置し、さらには、正規軽装兵に隊長一人、五人の十人隊長を据える。千人の予備長槍兵には三名の司令官、十名の百人隊長、百名の十人隊長を置き、予備軽装兵には二名の司令官、五名の百人隊長、五十名の十人隊長だ。その上で、全大隊の総指揮官をひとり任命しよう。各司令官は旗手と鼓笛兵を従えることを望みたい。すると一大隊は十小隊からなり、それは三千の楯兵、千の正規長槍兵、千の予備〔長槍〕兵、五百の正規軽装兵、五百の予備〔軽装〕兵となろう。これで歩兵六千名だが、そのなかに十人隊長が六百、さらに司令官が十五に鼓笛兵十五と旗手十五、百人隊長が五十五、正規軽装兵の隊長十名、そして全大隊の総指揮官が一名にその旗手と鼓笛兵がそれぞれいる。わたしは喜んで以上の編制を何度となく繰り返してきたが、のちに小隊や全軍の編制方法を諸君に示す際、諸君が混乱するようなことはあるまい。

そこで、申し上げたいのは、どの王国でも共和国でも、自国の領民に武器をとらせたいのなら、彼らをこれまで述べた武装と編制で訓練し、自国内にできる限り多くの大隊を作らねばならないということ。前に述べた配分にしたがって領民を編制の上、軍事教練を施そうというなら、小隊ごとに訓練するので十分であろう。また各小隊の兵士の人数が完全にそろわなくても、一人ひとり自分固有の役割は習得できる。というのも、軍隊内では二種類の命令が厳守されるわけで、その一つは、各小隊内で兵士が守るべきことであり、もう一つは、軍隊の中で他と連携して一小隊が守るべきことなのだ。はじめのことをしっかり守る兵士は、あとの方もやすやすと遵守するもの、しかし最初が果たせないと、二番目の規律には決して至れない。だからわたしが言ったように、これらのどの小隊であれ、いろいろな場所でさまざまな動作をする中で、彼らは隊列の維持について習得することができ、次に全体に合わせることも、戦闘中の命令手段となる鼓笛の音を理解することも可能なのである。笛が合図のガレー船の漕ぎ手のように、彼らはその音で為すべきことを、つまり、動かず停止するのか、進み出るのか、後退するのか、どの方向に武器や顔を向けるのか、了解できるのだ。こうして、隊列を見事に整えられれば、場所がどうであれ、また動きがどうであれ、混乱をきたすようなことはない。音の響きでリーダーの命令を的確に理解し、たちどころに自分の定位置に戻ってくるなら、申し上げたように、これらの小隊はどれも緊密に再編制され、小隊一体としての義務を果たせるし、軍全体として見れば、他の小隊と協力しつつ仕事ができるのである。そのような統合演習は、今なお低く評価されるべきではないから、平時なら年に一、二度、全大隊を召集して、軍隊の全容を示すのがよいだろうし、第一線、側面兵、救援兵を所定の場所に置き、実戦さながらに数日間の演習をさせることもできよう。そして総指揮官は、目に見える敵であれ、目には見えないが脅威を感じる敵であれ、それらを考慮して全軍を会戦に向けて指揮するわけだから、自らの軍隊を両方の方法で訓練すること。また教えるにも実際に行軍し、必要なら戦闘態勢を取らせ、ここが攻撃された場合どうするか、あるいはあそこが攻撃された場合はどうなのかといった具合に、麾下の兵士の目に見えるようにしなければならない。目に見える敵との戦いを訓練するとき、兵士たちに明示するのは、いかに戦闘を開始するか、押し戻されたら何処に退却すべきか、誰がその空いた場所を引き継ぐのか、どんな合図、どんな音、どんな声に従わねばならないかということ、さらに模擬の攻撃や合戦を積み、兵士たちに実戦感覚を身につけさせるのだ。この理由だが、勇敢な軍隊は、勇敢な兵士がそこにいるからそうなるのではなく、そこには規律があってよく守られるからそうなるのだ。というのも、仮にわたしが第一列隊の一員であるとして、わたしが突破されたら何処に退却し、誰があとを引き継ぐのか分かっていれば、常にわたしは勇気をふりしぼって戦うだろうし、すぐ後ろの援護兵はわたしを見てくれているわけだ。もしわたしが第二列隊にいて、第一列隊が押されて退却してきても、怯えはしないであろう。それというのも、わたしの予測の範囲内のことであり、わたしの主人に勝利をもたらすのは、一列目の兵士ではなく、自分であろうと望みもしたから。こうした訓練は、新たに軍隊を編制するにはこの上なく必要なことであり、古参兵から成る軍隊にも欠かせない。なんとなれば、ローマ人は年少のときからその軍隊の規律を知ってはいたものの、あの指揮官たちは兵士が敵との戦いに出る前に、一貫してこのようなやり方で彼らを鍛えたのだ。ヨセフスはその『ユダヤ戦記』(13)の中で、ローマ軍による絶え間ない教練は、儲けを企んで従軍する連中でも、すべて決戦では役に立つ存在にした、と述べている。その理由は、彼らすべてが隊列の中での位置を知り、隊列編制を守りながら戦ったからだ。しかし、初年兵の教練では、それがすぐにも戦闘に投入するためにかき集めた場合であれ、後になって戦闘に投入するために召集した場合であれ、このような教練がなければ、個人の戦闘でも軍全体でも無意味となる。というのも、隊列編制は不可欠なものなので、その心得のない者には、倍の努力と辛苦を投じて明示し、同じく心得のある者にも、その保持を徹底させなければならない。まさにそれを維持し教育するために、多くの卓越した指揮官が倦まず弛まず努力したことが分かるのだ。

コジモ　わたしにはこの議論が、随分先に進んでしまったように思えます。なぜかといえば、あなたはいまだ小隊をどのように訓練すべきか、その方法を明らかにされないまま、軍全体と会戦について論じておられます。

ファブリツィオ　貴君の言われることは本当で、実際、この隊列編制に注ぎ込むわたしの愛情と、それが実行に移されぬのを目のあたりにしたわたしの苦悩がその原因だが、わたしが本題に戻るかどうか疑ってもらいたくはない。

すでに述べたように、小隊の訓練の中で第一に重要なことは、隊列をうまく維持できるかどうかだ。このために、兵士はかたつむり式と呼ばれるやり方で、教練される必要がある。申し上げたように、一小隊には四百人の重装歩兵がいるので、この数にもとづいて考えるとしよう。そこで、兵士は横一列につき五名ごと、縦八十列で整列するものとする。整列後、兵士たちは歩調を速めるか緩めるかによって、隊列を縮めたり拡げたりする。これがどういうものかは、言葉よりも、むしろ実際の動きで、もっとよく説明できよう。あとはさして必要なことは、残っていない。というのも、軍隊に慣れた人なら誰でも、この隊列がどのように行進するかを知っているからで、それは他でもなく、兵士たちに隊列維持の習慣を身につけさせるのに好都合ということだ。それでは、数ある小隊の一つを並べてみることにしよう。兵士らの隊形にはまず三つの主要なものがある。一番目は、最も役立ち、全体をぎゅっと詰めて二つの矩形からなる方陣だ。二番目は、先頭を角《つの》状にするもの、三番目は、「広場」と呼ばれる空白部を真ん中に備えた方陣である。

最初のものには、並べ方に二種類がある。一つは、横列を倍にしていく、つまり二列目が一列目に入り、四列目が三列目に、六列目が五列目に、というようにこれを続けていく。すると、横一列五名の縦八十列だったところが、横一列十名の四十列となる〔第二巻末図1の左〕。今度は、もう一回同じように、一列隊ごともう一方〔と交互になるよう〕に入り込ませて倍にする。そうなると、横一列二十名の二十列が出来上る。これで、ほぼ二つの方陣となる。なぜかといえば、一つの方向〔横〕と別の方向〔縦〕とは同一人数であるからだが、横列は兵士同士がくっついていて、一人が隣りと触れ合うほどになっている。けれども別の方向では、少なくとも互いに二ブラッチャの間隔があり、その方陣の形状は、横列の幅よりも、最後尾から先頭の方が長い。われわれは、これから何度も各小隊および全軍の前方部分、後方ならびに側面について語らねばならないので、以下のことを知っておいていただきたい。つまりわたしが頭とか正面と言えば、前方部分のことで、背と言えば後方部分、両脇と言えば、両側面部分を指す。小隊の正規軽装兵五十名は、他の列隊と交ざり合わないが、小隊が方陣隊形をとれば、その両脇に沿って配置される。

　小隊の並べ方のもう一つは、次のとおりだ。この方法は一つ目よりも優れているので、わたしとしてはそれがいかに編制されるものか、まさに諸君の目前で示したい。諸君は、小隊を構成する兵員数や隊長の人数、それに携行するいくつかの武器をご記憶のことと思う。したがって、この小隊がとるべき隊形は、申し上げたように、横一列二十人に縦二十列だ。すなわち、五列の長槍兵が正面に、十五列の楯兵が背に控える。二人の百人隊長が正面で、〔別の〕二人が背側、彼らは古代人が案内誘導兵〔テルジドゥットーレ〕と呼んだ兵士の役割をになう。司令官は旗手と鼓笛兵を従え、五列の長槍兵と十五列の楯兵との間の空間に位置する。十人隊長については、自分の部下がそばにくるように、各横列の両脇に一人ずつ立つ。左手に立つ十人隊長は右側の兵士を、右手の十人隊長は左側の兵士を従える。五十名の軽装兵は、小隊の両脇と背に控える。さて歩兵が通常どおりに行進しながら、小隊がこの隊形にまとまるには、次のように指示するのがよい。まず歩兵に、横一列五名の縦八十列で並ばせる、これについては少し前に触れた。軽装兵は、頭か後尾にそのまま残し、むろんそれが隊列に加わることはない。そして、どの百人隊長の背後にも二十列を置き、各百人隊長のすぐ後ろから五列の長槍兵と残りは楯兵とする。司令官は鼓笛兵と旗手をともなって、第二百人隊長の長槍兵と楯兵との隙間に位置し、三人分の楯兵の場所を占める。十人隊長については、二十名が第一百人隊長の隊列の左側面に立ち、さらに二十名がしんがりの百人隊長の隊列の右側面に位置する。当然、長槍兵を率いる十人隊長は長槍を持ち、また楯兵を率いる十人隊長は同じ武器を持つ。そこで隊列がこうして並んだとして、次に行進しながら、それを戦闘態勢にもっていこうとすれば、貴君にはこうしてもらわねばならない。最初の二十列を率いる第一百人隊長を停止させる。第二百人隊長以下は歩み続けて右に旋回しながら、停止している二十列の脇〔右側面〕に沿って進み、ちょうどもう一人の百人隊長と頭が揃うところで、これまた停止する。第三百人隊長も歩を進め、右に旋回し、停止中の隊列の脇〔右側面〕に沿って、他の二人の百人隊長と先頭を揃える。彼〔第三百人隊長〕が停止すると、残る〔第四〕百人隊長の隊列がこれに続き、右方向に折れて、停止中の隊列の脇〔右側面〕沿いに進み、他の隊長と頭が揃うと停止する。そして、ただちに百人隊長のうちの二人は、先頭から離れて小隊の後尾に廻る。するとこのとおり、小隊はわたしが諸君につい先ほど示した隊形となる。軽装兵は小隊の両脇にそれぞれ並ぶが、これは一番目のやり方のところで配置したとおりだ。そちらの〔一番目の〕方法は縦移動重ねと呼ばれている。こちらの方法は横旋回重ねと言う。一番目の方がより簡単であり、二番目はより整然としていて、ピタっと見事にまとまり、思いのままに修正可能だ。というのも、一番目は数に従わねばならず、つまり五人を十人に、十人を二十人、二十人を四十人へと、こうして単純に二倍にするものだから、先頭を十五名、二十五名、三十名また三十五名にはできず、数の方に合わせていく必要がある。それに実際の戦闘状況の中では毎日起きることだが、六百名あるいは八百名の歩兵の先頭を揃えるとなると、縦移動重ねでは混乱を起こすことにもなる。よってわたしは二番目の方が好きだ。それに伴う困難さだが、これは教練と実地経験を積むことで容易化できるものなのだ。

したがってわたしは断言しておくが、素早く隊列編制のとれる兵士を持つことが、他の何ものにも増して重要となる。彼らを小隊の中で並ばせ、その中で訓練し、前にも後ろにもたしかな足取りで行進させ、また隊列を乱すことなく、険難の地を行軍させることが必要となる。そのわけは、これらを首尾よくやってのけられる兵士こそ、実戦向きのつわものであって、敵と相まみえたことがなくとも、古参兵と呼べるのだ。それとは逆に、隊列を守れない輩は、たとえ千回の戦闘歴があったところで、新米の兵隊として格付けられねばならない。

以上は、兵士が短い隊列を組んで行軍する際の編制に係わることである。しかし、隊列を組んだ後に、地形あるいは敵軍から生ずる何らかの偶発事態によって分断された場合、一小隊内ですぐさま立て直すためには、以上のことが困難ながら重要なのであり、そこには多大な訓練と実地経験が欠かせず、そこに古代の人びとは、ひとかたならぬ探求努力を注いできたのだ。それゆえ、次の二つが必要となる。第一に、この小隊には目印をいっぱい付けておくこと、第二には、常に隊列編制を保つこと。つまり、同じ歩兵がいつでも同じ列に位置することだ。喩えるなら、ある兵士が第二列目にいることから始めたとすれば、彼はその後もずっとそこなのだ。同じ列だけでなく、同じ位置をとる。これを守ろうとすれば、申し上げたように、十分な目印が必要となる。第一に、隊旗には目印を施し、他の小隊と合流する際、兵士たちに見分けがつくようにしておく必要がある。第二に、司令官と百人隊長らは、違いがあって識別し易い羽を頭につけること、さらに重要なのは、十人隊長たちを区別できるようにしておくことだ。これについて古代人は大いに配慮したわけで、他でもなく、〔ひさしを上下できる〕兜に番号を書き込み、隊長らを一番、二番、三番、四番などと呼んだ。これでもまだ満足するものではなかった。というのも、それぞれの兵士は、楯に列番号と、その列の中での位置番号を書き込んだからだ。したがって、兵士たちはこうした目印とこのような決まり事に慣れているので、たとえ混乱に陥っても、全員がすぐさま隊列を立て直すことは簡単だった。なぜなら、旗手が止まれば、百人隊長と十人隊長とは目で自分たちの位置を判断でき、また左側の歩兵は左側面から、右側の歩兵は右側面から、慣れ親しんだ間隔をとって再整列するや、彼らは自分たちの規則と目印の違いに導かれて、瞬く間に所定の位置に戻ることができる。他でもなく、もし前もって印をつけておいた樽の樽板をバラバラにしても、いとも簡単にその樽を組み立てられるが、印がなければ組み立てるのは不可能なのだ。以上の事柄は、不断の努力と教練によってすみやかに教え込まれ、すみやかに習得されるもの、そしていったん習得されれば、忘れるのは難しい。それというのも、新兵は古参兵の指導を受け、やがてこのような教練を積んだ部隊は、完全に戦争に通暁するようになるものだ。さらに兵士たちには、同時に方向転換することを教える必要がある。いざという時、側面や後尾を先頭に仕立てたり、先頭を側面や後尾にしなければならない。これは実に簡単で、なぜなら、どの兵士もが命令された方向に我が身を向けるだけで事足りるからだ。顔を向けるところ、それがすなわち正面となる。たしかに横を向くと、隊列は本来の釣り合いではなくなってしまう。なぜなら、胸〔先頭〕から背〔後尾〕までの距離は縮んでしまい、脇〔側面〕からもう一方の脇までは距離がふくらんで、これは小隊の通常の隊形とは全くあべこべだからである。だからこそ、距離感を実地で訓練して、隊列を修正しなければならない。しかし、これはわずかな混乱で済む。というのも、彼ら自身で容易に対応がきくからだ。けれども、もっと重要でずっと実地の訓練が必要となるのは、小隊全体をあたかも一つの個体であるかのように回転させることだ。これにはたいへんな演習と適応力が必要となる。なぜなら、たとえば左に向かって回転したい場合、〔小隊〕左翼は停止したままで、その停止しているところに近い兵士ほど、右側面の兵士が駈け出さなくてもよい程度に、ゆるやかな歩調をとらねばならない。さもないと、すべてが混乱に陥るだろう。

さて、軍隊がある場所から次の場所へと行軍するとき、先頭ではない諸小隊が、前方ではなくて側面または後ろに向かって戦わねばならないことが起こる。ちょうど一つの小隊が、直ちにその側面部や後尾を前面に変える場合である（そのような場合、同じ小隊同士が前に明示したとおりの形状であることを望むなら、その小隊は長槍兵を、前面となるべき方の側面にまわし、十人隊長、百人隊長、司令官をも、それに応じて場所変えする必要がある）。そうなると、これをやろうと思えば隊列編制の際に、横一列五名の縦八十列を次のとおり並べるのが肝心だ。すなわち、全長槍兵を最初の二十列に置き、その十人隊長の五人を最前列に、五人を最後尾に配置する。後続する他の六十列はすべてが楯兵であって、これは三隊の百人隊となる〔第二巻末図2〕。したがって、各百人隊の最前列と最後尾に十人隊長が控えることになる。司令官は旗手と鼓笛兵とともに、最初の楯兵百人隊の中央に立ち、百人隊長は、各百人隊の陣頭に配備される。こうして配置が完了してから、長槍兵を左側面に移す際に、諸君は、百人隊ごとに兵士を右側面から重ねていかなければならない。もし万が一、長槍兵に右側面に来てもらいたいときは、左側面から重ねていくことだ。そんな具合で、この小隊は片側に長槍兵を配備し、十人隊長は頭と背に、百人隊長が頭で、司令官は中央部となる。行進中はこの隊形を維持するのだ。けれども敵の襲撃により、小隊がその側面を正面にする時には、必ずや全兵士の顔を、長槍兵の立つ側に向かせなければならない。すると小隊は、すでに述べた隊列と幹部を擁する隊形となる。というのも、百人隊長は別として、全兵士は所定の位置にあり、百人隊長は素早く難なく定位置に入るからだ。しかし先頭方向に行軍中、背後に対して戦わねばならない時は、隊列を以下のように組む必要がある。すなわち、戦闘用に長槍兵を後尾に移動させること、これをするのに、別の態勢をつくり上げるというほどではなく、通常の小隊編制なら、どの百人隊も五列の長槍兵を先頭におし立てるが、そこの長槍兵を後尾にまわせばよい。その他の点では、すべて最初にわたしが話した隊列を守ることだ。

コジモ　わたしの記憶が正しければ、あなたの教練方法は、のちに諸小隊を一つの軍隊にまとめ上げるためのものであり、こうした演習は全軍一体となるのに役立つ、と話されました。しかしながら、これら四百五十名の歩兵が孤立して戦わねばならないとなったら、彼らをどのようにしてまとめ上げるのでしょうか。

ファブリツィオ　その時は、指揮をとる者が、長槍兵をどこに配置させるか判断して、その場に彼らを投入することだ。とまれ、このことは、前に申し上げた編制方法と何ら矛盾はしない。なぜなら、その方法は、他の小隊と一体となって会戦を行うのに守るべきものだが、たまたま対応せざるを得ないすべての状況に役立つ規則ではないからだ。ところで、わたしの提案する小隊編制用の他の二つの方法を提示すれば、さらに諸君の質問に十分お答えできよう。それというのも、これらの方法は決して用いられぬか、あるいは用いられても一小隊単独であって、他の小隊と連動するものではないからだ〔第二巻末図3〕。

そこで、二つの角《つの》状の突起を持つ小隊を編制するには、横一列五名の縦八十列で、次のとおり並べてもらわねばならない。すなわち、中央に百人隊長と、その背後に、左側が二人の長槍兵で右側が三人の楯兵となる二十五列を置く。最初の五列の後ろには、二十列にわたって十人隊長が配置される。その〔ほとんど〕全員が長槍兵と楯兵の間だが、例外は長槍の十人隊長で、彼らは長槍兵と一緒に並ぶ。これらの二十五列が並んだあと、次の百人隊長が置かれ、彼の背後には、十五列の楯兵が続く。この後ろに、司令官が鼓笛兵と旗手に挟まれて立ち、そのまた背後に、楯兵がもう十五列連なる。その後ろが、三番目の百人隊長となり、彼の背後には二十五列が並び、どの列であれ左側に三人の楯兵、右側に二人の長槍兵となる。この最初の五列の後ろに、二十人の十人隊長が、長槍兵と楯兵に挟まって位置する。これらの列の後ろが、四番目の百人隊長である。それゆえ、こうして編制された隊列を、二つの角状の突起を備えた一つの小隊にするためには、一番目の百人隊長とその後ろの二十五列を停止させねばならない。つづいて、二番目の百人隊長とその後ろの楯兵十五列を右手の方向に動かし、二十五列の右側面に沿って前進させ、ちょうど十五列目に至ったところで停止させる。次に、司令官とその後ろの楯兵十五列をやはり右側に旋回させながら、最初に動かした十五列の右側面に沿って歩を進ませ、それぞれ先頭が揃ったら、そこで停止させる。それから、三番目の百人隊長とその後ろの二十五列ならびに四番目の百人隊長を、これまた右側に旋回させながら、今しがたの楯兵十五列の右側面に沿って進ませ、それぞれ先頭が並んでも止めることなく、そのまま二十五列の最終列が最後尾と一致するまで歩ませる。以上が完了すれば、最初の楯兵十五列の長であった百人隊長は、その場を離れて最後尾の左隅に移動する。こうして小隊は縦二十五列、横列に歩兵二十名の、二本の角《つの》を先頭の両端に一つずつ具えたものとなろう。どちらの角にも、横一列五人の十列が入り、角の間には空間が残されるが、それは兵士が横に並んで十人分に相当する。二本の角の間には、司令官が立ち、角の尖ったところには、それぞれ百人隊長が控える。さらに最後尾の両端にも百人隊長が位置する。両側面には二列の長槍兵と二十名の十人隊長がそれぞれ並んでいる。二つの角状の突起は、その間に砲兵や輜重隊《しちょうたい》を保持するのに役立ち、この小隊が帯同している場合にはそうだ。軽装兵は、長槍兵近くの両側面に並ばねばならない。さて、この角状の突起を備えた小隊を、〔中央に〕空間広場の有るものに変えるためには、ただ次のことをすればよい。すなわち、横一列二十人の縦十五列のうち、八列分を切り離して、それらを二つの角の先端に置くことだ。すると、〔これまでの〕角状のところが空間広場の両肩になる。この広場には輜重隊が入り、そこに司令官と旗手もいるが、砲兵はいない。砲兵は正面か、あるいは両側面に並べられる。これらの隊形こそ、一つの小隊が、単独で危険な場所を通過しなければならないときに用い得る方法だ。けれども、小隊は隙間なく密集して、角状の突起も空間広場も備えない方が好ましい。ただし、武器を帯びていない兵士らの安全を確保するためには、そうした角状の隊形が必要となる。スイス人は、さらに多くの戦闘隊形を編み出している。それらの中には十字形をしているものがあって、その理由は、十字形の枝と枝の空間を使って、自軍の火打石弓銃兵を敵の攻撃から守るためなのだ。だが同じような類いの小隊は、独力で戦うのに都合のよいもので、それにわたしの意図するところは、いかに多くの小隊が一致団結して戦うかということにあるのだから、これ以上あえて立ち入りたくはない。

コジモ　こうした小隊の兵士を教練するのに心すべき方法は、十分理解できたとわたしは思います。しかし、わたしの記憶が正しければ、あなたは十小隊のほかに、予備長槍兵一千と予備軽装兵五百を大隊に付け加える、と言われました。これについては、兵士を集めて教練しないのでしょうか。

ファブリツィオ　できればこの上なく入念にやってみたい。〔予備〕長槍兵は少なくとも隊旗単位で、他の歩兵と同じく、小隊編制をとって訓練したい。というのも、予備長槍兵については通常の戦闘よりも、たとえば護送や略奪や、またそれと似たような特殊な警護に役立てたいからだ。一方、軽装兵は召集せずに在郷で教練するつもりだが、それは個々に戦うのが彼らの役目なので、一緒に訓練をして他の兵士と合わせる必要もなく、またそれぞれが独自の練習をこなせば、それで事足りるのだ。だから、はじめに諸君に申し上げたとおり、もう一度繰り返したところで面倒でも何でもないけれども、これらの小隊の中で隊列が守れるように自国の兵士を教練し、それぞれの持ち場をわきまえさせ、さらに敵勢であれ地勢であれ、それで味方がかき乱されれば、即座に持ち場に戻るように、彼らを訓練しなければならない。なぜなら、これが習得できていると、小隊を維持する位置と全軍の中での自分の役目をたやすく理解するからである。君主国にしろ共和国にせよ、精励刻苦して、こうした隊列編制とこうした教練に努力するなら、その国は常に良き兵士を具えることになるであろう。そして彼らは近隣の兵士に立ち勝り、法を施すことはあっても、よそ者たちの法を受け入れることはないだろう。しかし諸君に申し上げたとおり、人の住む世の無秩序のせいで、こうした事柄はなおざりにされ、一顧だにされることがない。だから、我が国の軍隊は良きものではなく、頭脳も四肢も生来、能力を具えていたところで、それを発揮することができない。

コジモ　あなたなら、それぞれの小隊がどのような輜重を備えるべきだと思われますか。

ファブリツィオ　最初にだが、わたしは百人隊長にも十人隊長にも、乗馬での行軍は望まない。たとえ司令官が馬に跨るのを欲したところで、ラバにすべきで馬ではないと思う。司令官には二名の輜重兵を、百人隊長には各一名ずつ、十人隊長では三人につき二名を許可するのがよかろう。というのも、野営地では宿営させるものが多いからだが、それについては然るべきところで述べよう。そこで一小隊ごとに、三十六人の輜重兵ということになるだろう。これで必需品となるテント、炊事鍋、斧、宿営場所を作るのに十分な鉄の支柱、さらに余裕があれば、兵士にとって快適なものを運びたいと思う。

コジモ　各小隊にあなたが配置した隊長たちは、必要な人員だと思います。とはいっても、命令を下す人が多いと混乱を招くのではないでしょうか。

ファブリツィオ　隊長らが誰の言うことも聞かないのだったら、それも正しいだろうが、連携するなら、秩序立つことになる。むしろ彼らがいなければ、支え合うことは不可能だ。なぜなら、そこかしこで傾く壁には、さほど強くはないにしも、しばしば多くの支柱が要るのであって、それは、たとえ頑丈でもわずかな支柱に較べれば、勝るものなのだ。それに、ただ一つの力《ヴィルトゥ》では、遠く離れたほころびに対応できるものではない。それだから、軍隊の中では兵士十人ごとに、活力のある者や気迫に満ちた者、あるいは少なくとも年長者が、丹念に言葉と実例を示して、他の兵士たちを落ち着かせて戦いに備えることが必要となる。わたしの述べたことは、軍隊に不可欠なのであり、これらの隊長も、旗手も、鼓笛兵も、現代のわれわれの軍隊にはみな具わっているわけだが、誰一人その仕事を果たしてはいない。

まず十人隊長だが、命ぜられたことを遂行するには、申し上げたように、配下の兵士をよく知り、彼らと寝起きをともにし、戦闘訓練を行い、一緒に隊列を組むことが必要だ。というのも、所定の位置について真っ直ぐでたしかな隊列を整えるには、彼らが定規であり調整ガイドのようなものだからだ。また決して列が乱れぬように、仮に乱れたとしても、直ちに定位置に戻れるようにするためなのだ。ところが昨今では、他の何びとよりも高額な給料を彼らに支払って、特殊な戦闘をさせること以外に、われわれは何も役立ててはいない。同じことが隊旗にも起きており、軍事使用というよりも、むしろパレードを見栄えのよいものにするために保持されている。だが、古代の人びとはそれを押し立てて、指示や隊列立て直しに用いたのだ。というのも、隊旗が停止すると、各兵士は自らの旗で定位置を察知し、常にそこに戻っていった。また兵士は、隊旗の動きによって、どのように全体が止まれなのか、進めなのかを判断した。それゆえ、軍隊は多くの部隊から成り立つのが当然で、各部隊には旗振り役がいなければならない。なぜなら、旗振り役がいれば、兵士は気力に満ち、その結果、生き生きとしてくるものである。そこで、歩兵は隊旗に従って行軍し、隊旗は鼓笛兵の音につれて移動せねばならない。この音がうまく加減されて、軍隊を動かす。軍隊は、その拍子に合わせた歩調をとって前進し、容易に隊列を維持する。だから古代人は口笛や小笛や、他の鳴り物を完璧に使い分けた。それは、まるで踊り手が音楽の拍子に合わせて進み出て、リズムに乗れば間違わないように、軍隊もその音に従って動けば、乱れるものではないからだ。それゆえ、動きを変えたいときはそれに応じて、また兵士の士気を高揚させたり鎮めたり、あるいは維持したい時には、それらにつれて音調を変えたのだ。音調にはさまざまな種類があり、それを彼らはいろいろな名で呼んでいた。ドーリア式の音調は心の安定を、フリジア式は精神の高ぶりをもたらした。それでアレクサンドロス大王が食卓についていた時、誰かがフリジア風の音楽を奏でると、大王は気分が高じて武器に手をかけた、といわれている。このようなやり方はすべて、もう一度再発見する必要があろう。それが困難だとしても、彼らが兵士たちに従うよう教え込んだことを、われわれは少なくとも、蔑ろにすべきではない。そうした音調は、誰もが自分のやり方で変更したり、組み立てたりできるのであり、実際に耳に慣れさせれば、配下の兵士はその音を聞き分けるものだ。しかし今日では、この音と言っても、騒音をまきちらす以外には、ほとんど何の成果も生み出していない。

コジモ　ひょっとするとあなた自身では話題にされたのかもしれませんが、あなたから伺いたいと私が望んでいるのは、現代において、どこから目にあまる臆病や混乱、こうした教練への無頓着が生まれてきたのでしょうか。

ファブリツィオ　私は是非とも、諸君にわたしの考えるところを申し上げよう。ご存じのように、戦争で傑出した人々となると、ヨーロッパで夥しくその名が数えられ、アフリカでは僅かにすぎず、アジアではもっと少ない。この由来なのだが、これら世界の残る二つの部分〔アフリカやアジア〕には、一つか二つの君主国と、わずかな共和国があるのみだが、ヨーロッパだけはいくつかの王国と、数えきれぬほどの共和国をいただいてきたからだ。人々が卓越してその力量《ヴィルトゥ》を顕わにするのは、自分たちの君主や共和国、あるいは国王などから祝福を受け、引き立てられてのことなのである。その結果、多くの政府があるところには、多くの有能な人間が生まれ出で、国々の少ないところは、僅かでしかない。アジアではニヴィヴェ[14]、キュロス[15]、アルタクセルクセス[16]、ミトリダテス[17]、その他きわめて少数の者が彼らに肩を並べる。アフリカでは古代エジプトの権力者はさておき、マッシニッサ(18)、ユグルタ(19)、さらにカルタゴ共和国によって育まれた将軍たちが挙げられる。その彼らとて、ヨーロッパ出身者と較べれば、いたってその数は少ない。それというのも、ヨーロッパでは卓越した人物は計り知れず、また彼らに加えて、時代の悪意によって消し去られた者たちの名前まで挙げるなら、その数はうんと上回っていたことであろう。なぜなら、必然からにせよ、別の人間の情念からにせよ、徳力《ヴィルトウ》を好んだ国の数が多ければ多いほど、世界はいっそう活力に満ちたのである。したがって、アジアでは少数しか現れ出なかった。それは、この地域がすべて一つの王国の支配下にあり、そこでは王の偉大さゆえ、長い期間にわたって国は無為のままのため、ずば抜けた事蹟の人物が輩出できなかったわけだ。アフリカにおいても、ことは同じだ。しかしカルタゴ共和国の存在により、人材はもう少し輩出された。その理由だが、共和国の方が王国よりも、卓越した人物をずっと生み出すものなのだ。というのも、共和国ではほとんどの場合に力量《ヴィルトウ》が賞揚されるが、王国では恐れられてしまうからだ。だから、一方では力量ある面々が育まれるのに、他方では消されてしまう。さて、ヨーロッパ大陸について考えれば、そこには共和国や君主国がひしめき合っていたことが分かるであろう。そうした国々は、互いに抱く恐怖心から軍事制度の刷新を強いられ、そこで顕著な働きをなす者には、名誉が与えられることとなった。ギリシアには、マケドニア王国のほかに多くの共和国があったので、いずれの国からもきわめて傑出した人材が輩出した。イタリアには、ローマ人、サムニウム人、トスカーナ〔エトルスキ〕人、アルプス以南のガリア人がいた。フランスとマーニャ〔ドイツ北方〕には共和国と王国が群れをなしていた。スペインとても同じことだった。ローマ人と較べると、他に名を挙げるにしてもわずかだが、それは著作家たちの悪意のなせるわざというものだ。著作家らは運命の女神に追従し、多くの場合、勝利者に名誉を与えることだけでよしとしている。だが、それはサムニウム人とトスカーナ人にあっては正しくはない。彼らは、百五十年にわたってローマ人と戦い、遂に滅亡[20]させられたのだが、非常に多数の卓越した人物を輩出した。フランスでもスペインでも同じことだ。ところで、著作家たちはそうした力量《ヴィルトウ》を、特定の個々人のものとして讃えるのではなく、広く人民一般のものとしており、そこでは、人民が自らの自由を守るに当たって示したその粘り強さを、天空の星にまで祭り上げている。したがって、真実なのは、より多くの国々〔支配権〕が存在するところに、より多くの優れた人物が現れ出で、次なる必然として、そうした国々がなくなるにつれ、徐々に力量《ヴィルトウ》は消え失せ、力量ある人々を作る原因もまた少なくなっていく、ということだ。だからこそ、のちにローマ帝国が成長し、ヨーロッパとアフリカ、そしてアジアの大部分の共和国や君主国を消滅させてしまうと、力量《ヴィルトウ》に至る道はローマ以外には残っていなかった。結果として、力量ある人材はアジアと同様に、ヨーロッパでも少なくなりはじめ、力量《ヴィルトウ》そのものは、やがて最終的な衰退に向かった。というのも、あらゆる力量《ヴィルトウ》はローマに集められたが、ローマが腐敗するにつれ、腐敗はほとんど全世界に拡がった。そして、スキタイ人〔ゲルマン系の人々〕(21)がやって来て、ローマ帝国を略奪できるまでになった。その当のローマ帝国は、かつて他国の力量《ヴィルトウ》を消し去ったのに、もう自国のものを維持することができなくなっていた。帝国には蛮族が溢れかえり、幾多の地域に分割され、こうした力量《ヴィルトウ》が再び蘇ることはなかった。一つには、破壊された時、規律を取り戻すのにほとんど努力が払われなかったこと、いま一つは、キリスト教による現下の生活様式が、古代に見られたような自己防衛を必然として課さないからだ。つまり当時なら、戦争に敗北した兵士は殺されるか、終生奴隷に甘んじたわけで、悲惨な生活を送ったものだった。征服された土地は荒廃にさらされるか、あるいはそこから住民は追い立てられ、財産は奪われ、世界中に離散してさまよった。だから、戦争に敗北した人びとは、あらゆる極限の辛酸を嘗めつくした。このようなぞっとする恐怖ゆえに、人びとは軍事教練を怠ることなく保ちつづけ、その分野で卓越した人物に栄誉を与えたのだ。

だが現代では、このような恐怖は、ほとんどの地域で消え失せている。征服された者は、たとえ殺されるとしても、それは少数だ。誰も長期間にわたって囚われの身とならず、捕虜は簡単に釈放される。都市は、たとえ何度となく反乱を繰り返しても、取り壊されることがない。人びとの財産は手がつけられぬままで、誰もが恐れる最悪な事態は賠償金くらいのものだ。だから人びとは、軍令に服することも、一貫して軍役に励むことも望まない。

それは、危機を避けるといっても、さして怖れてはいないのだ。それ以来、ヨーロッパのどの地域も、古代と較べれば、きわめて少数の首領たちの支配下にあるにすぎない。フランス全土は一人の王に従い、スペイン全土も別の王に、イタリアは少数の国に分割されている。弱体な都市はどこも、勝利者側に寄り添って自国を防衛し、強国は強国で、これまで述べたように、最近の荒廃を怖れもしないのだ。

コジモ　それにしても、過ぎにし二十五年の間、多くの国が略奪にさらされ、王国が消滅するのを目のあたりにしてきました。こうした実例は、他国の者に生き方を教え、古代の何がしかの仕組みを取り戻すように導くに違いないでしょう。

ファブリツィオ　まさしく貴君の言われるとおりだ。しかし、どのような土地が略奪にさらされているか観察すれば、それは[22]国々の首都ではなくて、従属型の都市群だということが分かるだろう。たとえば[24]トルトーナは略奪されたが、ミラノは違う。カポヴァ[23]がそうでナポリではない、ブレッシアがそうでヴェネツィアではない、ラヴェンナ[25]がそうでローマは免れた。このような実例は、統治者らの覚悟を変えさせるどころか、むしろ賠償金で埋め合わせができるといった考えに、彼らをますます執着させている。このため、統治者らは軍事教練の苦労に煩わされるのを嫌い、彼らからすると、それは不必要であり、また訳の分からぬ混乱のもとと見なす始末である。かたや従臣たちは、そうした実例に恐れをなすこと請け合いで、対策を立てることすらできない。かの君主たちだが、国を失ってからでは、もう間に合わず、その側近連中にしても、能力もなければ意欲もない。それというのも、彼らはいっさいの難儀を避け、運命《フォルトゥナ》に身をまかせるばかりで、自身の力量《ヴィルトゥ》を試そうともしないからだ。彼らは力量《ヴィルトゥ》が少ないために、運命《フォルトゥナ》がすべてを統治すると見なし、そして彼女が自分たちを支配することを望み、彼女を支配するのは自分たちではない、というのだ。わたしの論じたことがいかに正しいかは、マーニャ〔ドイツ北方〕のことを考えていただきたい。そこでは多くの君主国と共和国が並びたち、力量《ヴィルトゥ》に富んでいる。現在の軍事制度で優れているものは、みなドイツの人民の先例に由来している。彼らは自分たちの国家を守るのに熱心で怠りなく、隷属状態に陥ることを怖れ（どこか〔イタリア〕では怖れられもしないが）、全員が領主と栄誉ある人士をもりたてている。わたしは、現在の卑劣さの原因を明らかにするにあたり、これまで申し述べたことで十分としたい。諸君が同じように思われるか、それとも以上の議論に対して、なんらかの疑念を差し挟まれるかどうかは、わたしの計りかねるところだが。

コジモ　いやまったく、むしろ心から納得しています。あと一つ伺いたいのは、われわれの主題に戻るとして、どのように諸小隊に合わせて騎兵を編制なさるのか、またその数、いかに指揮し武装させるのか、ということです。

ファブリツィオ　おそらく諸君は、わたしが騎兵を置き去りにしてしまったと思っておられるだろうが、それについては御心配無用、それというのも次の二つの理由から、少ししか述べなかったのだ。一つには、軍隊の根幹であり中枢となるのは歩兵だから。もう一つは、軍隊の中でもこと騎兵に関しては、歩兵よりも腐敗することが少ないのだ。というのも、現代の歩兵は古代ほど強くはないが、騎兵は同等であるからだ。少し前に、わたしは騎兵の訓練方法について申し上げた。装備に関しては、軽装騎兵にしても重装騎兵にしても、現在そうしているように武装させたいと思う。だが軽装騎兵については、ほぼすべて石弓兵で、その中にいくらかの火打石弓銃兵を入れたい。火打石弓銃兵は、戦争のほとんどの局面ではあまり役に立たぬけれども、次のことについては効果絶大だ。すなわち、地域住民の度胆を抜き、その連中が見守っていた通路から彼らを一掃するためにである。というのも、火打石弓銃兵一人で、他の武装兵二十人よりもはるかに大きな脅威を、住民に与えるからだ。騎兵の兵員数についてだが、ローマの軍制を真似ようと選んだのだから、各大隊に三百騎で事足りるとだけ言っておきたい。その内訳は、重装騎兵百五十に軽装騎兵百五十だ。そして、これらの部隊のいずれにも、部隊長を一名あてがうことにしよう。次に、彼らの中から各隊ごとに十五名の十人隊長を置き、それぞれに一人の鼓笛兵と一人の旗手を与えたい。重装騎兵十騎ごとには五台の輜重を付けよう。また軽装騎兵は十騎ごとに二台だ。輜重兵は、歩兵のときと同じように、テント、炊事用品、斧、鉄の支柱、余裕があれば他の道具類も運ぶ。諸君はこのようなことが無秩序だとは思われないだろうか。現代ときたら、重装騎兵が戦闘補助に四騎も従えているのを目にするが、これぞ腐敗というものだ。なぜなら、マーニャ〔ドイツ北方〕では、そうした重装騎兵は自分と馬だけなのである。それに二十騎ごとにわずか一台の荷車があるのみで、それが重装騎兵を追って、彼らに必要な物品を運ぶのだ。ローマ人の騎兵も同様に単騎だった。たしかに第三列兵(26)は騎兵のそばに宿営して、馬の管理の際、騎兵の手伝いを義務付けられていた。このことは、現代のわれわれにも簡単に見習うことができ、どうするかは宿営の配置のところで明らかにするとしよう。だからローマ人が行ったこと、それに現代のドイツ人がやっていることを、われわれもまた行うことができるのであって、さらにこれを実行しなければ、誤りを犯すことになる。これら騎兵については、大隊と合わせて召集し編制するとして、諸小隊が集結される時、折に触れて合流してもらい、またお互いの間で何らかの戦闘演習をさせることもできるだろう。これはおもに集合確認のためで、別の必要性があるわけではない。ところで、騎兵の役割は、これまで十分に論じてきたはずであろう。そこで、敵との会戦にのぞんでその勝利が望めるよう、全軍の隊形を述べていくとしよう。会戦での勝利こそ、軍事制度を整える目的であり、またそこに多大な探求努力が払われるのである。

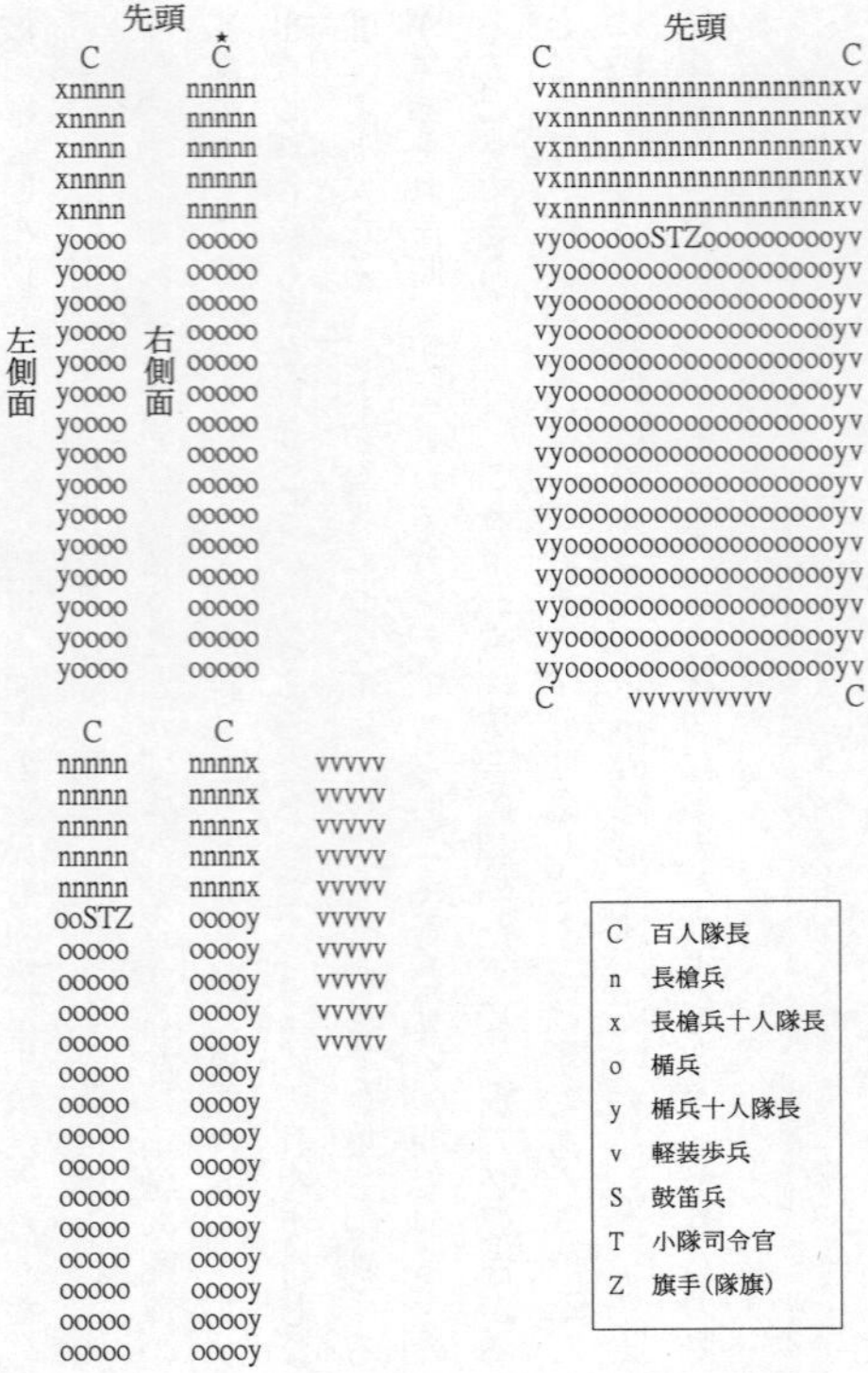

図1　本図は正規兵一個小隊の行進中の隊形、ならびに行進しながら側面方向に重複展開した模様を示す（左図から右図へ）。また80列の行進隊形のうち、各百人隊の前に位置する長槍兵５列を後方に動かした上で重複展開すれば、全長槍兵は後尾に配置されることになる。これは前方に行進しつつ、背後の敵を警戒する場合のものである

```
        先頭
     C         C★
   xxxxx     yyyyy
   nnnnn     ooooo
   nnnnn     ooooo
   nnnnn     ooooo
   nnnnn     ooooo
   nnnnn     ooooo
   nnnnn     ooooo
   nnnnn     ooooo
左 nnnnn  右 ooooo
側 nnnnn  側 ooooo
面 nnnnn  面 ooooo
   nnnnn     ooooo
   nnnnn     ooooo
   nnnnn     ooooo
   nnnnn     ooooo
   nnnnn     ooooo
   nnnnn     ooooo
   nnnnn     ooooo
   nnnnn     ooooo
   xxxxx     yyyyy

     C         C
   yyyyy     yyyyy
   ooooo     ooooo
   ooooo     ooooo
   ooooo     ooooo
   ooooo     ooooo
   ooooo     ooooo
   ooooo     ooooo
   ooooo     ooooo
   ooooo     ooooo
   Soooo     ooooo
   Toooo     ooooo
   ooooo     ooooo
   Zoooo     ooooo
   ooooo     ooooo
   ooooo     ooooo
   ooooo     ooooo
   ooooo     ooooo
   ooooo     ooooo
   ooooo     ooooo
   yyyyy     yyyyy
```

```
              先頭
   C                    C
   xxxxxyyyyyyyyyyyyyyy
   nnnnnooooooooooooooo
   nnnnnooooooooooooooo
   nnnnnooooooooooooooo
   nnnnnooooooooooooooo
   nnnnnooooooooooooooo
   nnnnnooooooooooooooo
左 nnnnnooooooooooooooo 右
側 nnnnnooooooooooooooo 側
面 nnnnnSoooooooooooooo 面
   nnnnnToooooooooooooo
   nnnnnooooooooooooooo
   nnnnnZoooooooooooooo
   nnnnnooooooooooooooo
   nnnnnooooooooooooooo
   nnnnnooooooooooooooo
   nnnnnooooooooooooooo
   nnnnnooooooooooooooo
   nnnnnooooooooooooooo
   xxxxxyyyyyyyyyyyyyyy
   C                    C
```

C	百人隊長
n	長槍兵
x	長槍兵十人隊長
o	楯兵
y	楯兵十人隊長
v	軽装歩兵
S	鼓笛兵
T	小隊司令官
Z	旗手(隊旗)

図2　一個小隊が先頭に向かって行進しながら、側面方向に戦う場合の陣容の整え方を示す図

```
        先頭
         C           ★C          ★★C
       nnooo        ooooo        ooonn
       nnooo        ooooo        ooonn
       nnooo        ooooo        ooonn
       nnooo        ooooo        ooonn
       nnooo        ooooo        ooonn
       xnooo        ooooo        ooonx
  左   xnooo  右    ooooo        ooonx
  側   xnooo  側    ooooo        ooonx
  面   xnooo  面    ooooo        ooonx
       xnooo        ooooo        ooonx
       nnyoo        ooooo        ooynn
       nnyoo        ooooo        ooynn
       nnyoo        ooooo        ooynn
       nnyoo        ooooo        ooynn
       nnyoo        ooooo        ooynn
       nnyoo         STZ         ooynn
       nnyoo        ooooo        ooynn
       nnyoo        ooooo        ooynn
       nnyoo        ooooo        ooynn
       nnyoo        ooooo        ooynn
       nnyoo        ooooo        ooynn
       nnyoo        ooooo        ooynn
       nnyoo        ooooo        ooynn
       nnyoo        ooooo        ooynn
       nnyoo        ooooo        ooynn
         ★          ooooo          C
                    ooooo
                    ooooo
                    ooooo
                    ooooo
                    ooooo
                    ooooo
                     ★★
```

```
                  先頭
        C                         C
        vnnooo             ooonnv
        vnnooo             ooonnv
        vnnooo             ooonnv
        vnnooo             ooonnv
        vnnooo   砲兵隊    ooonnv
  左    vxnooo   輜重隊    ooonxv    右
  側    vxnooo             ooonxv    側
  面    vxnooo             ooonxv    面
        vxnooo             ooonxv
        vxnooo    STZ      ooonxv
        vnnyooooooooooooooooynnv
        vnnyooooooooooooooooynnv
        vnnyooooooooooooooooynnv
        vnnyooooooooooooooooynnv
        vnnyooooooooooooooooynnv
        vnnyooooooooooooooooynnv
        vnnyooooooooooooooooynnv
        vnnyooooooooooooooooynnv
        vnnyooooooooooooooooynnv
        vnnyooooooooooooooooynnv
        vnnyooooooooooooooooynnv
        vnnyooooooooooooooooynnv
        vnnyooooooooooooooooynnv
        vnnyooooooooooooooooynnv
        vnnyooooooooooooooooynnv
        C                         C
```

```
        C                         C
        vnnyooooooooooooooooynnv
        vnnyooooooooooooooooynnv
        vnnyooooooooooooooooynnv
        vnnyooooooooooooooooynnv
        vnnyooooooooooooooooynnv
  左    vnnyooooooooooooooooynnv    右
  側    vnnyooooooooooooooooynnv    側
  面    vnnyooooooooooooooooynnv    面
        vnnooo             ooonnv
        vnnooo             ooonnv
        vnnooo             ooonnv
        vnnooo             ooonnv
        vnnooo    STZ      ooonnv
        vnxooo             oooxnv
        vnxooo             oooxnv
        vnxooo   輜重隊    oooxnv
        vnxooo             oooxnv
        vnxooo             oooxnv
        vnnyooooooooooooooooynnv
        vnnyooooooooooooooooynnv
        vnnyooooooooooooooooynnv
        vnnyooooooooooooooooynnv
        vnnyooooooooooooooooynnv
        vnnyooooooooooooooooynnv
        vnnyooooooooooooooooynnv
        C                         C
```

図3　二つの角状突起をもつ一個小隊の編制と、さらに中央に広場をつくる時の編制図

第三巻

コジモ　われわれは論議の方向を変えようとしているので、質問者を替えてみたいと思います。それというのも、わたしは出しゃばりすぎだと思われたくはないし、そういったことを、わたしはいつも他人の中に見つけては咎めてきたものですから。なので、わたしは代表質問者を降りて、この大役をここにいるわたしの友人の中でもそれを望む人物に譲ります。

ザノービ　あなたが続けて下されば、とても有り難かったのですが。ただお望みではないとしても、少なくともわれわれの中の誰があなたの立場を引き継ぐべきか言って下さい。

コジモ　わたしは貴兄〔ファブリツィオ〕にこの任務をお委せしたい。

ファブリツィオ　喜んでお引き受けしよう。ここではヴェネツィアのしきたりに従いたい。つまり、最年少者が最初の口火を切る。なぜなら、それが若者の仕事だからで、わたしが思うに、青年は議論するのにより相応しく、またそれをするにもより素早いものだ。

コジモ　それなら、君の番だ、ルイージ〔・アラマンニ〕。わたしは引き受けてもらえるとうれしいし、君もそのような質問者になることで満足でしょう。それでは本題に戻ってもらい、これ以上の時間のむだはやめましょう。

ファブリツィオ　これは確かなことなのだが、会戦に備えて、軍隊がいかに配置されるものかを要領よく示そうとすれば、ギリシア人とローマ人の軍隊では、彼らが列隊をどのように編制したのかを語る必要がある。とはいえ、諸君ら自身でも、古代の著述家を介してこれらのことを読んだり考察できるので、多くの特殊事例はあとにゆずり、古代人について見習うべき事柄だけを持ち出すとしよう。それは現代において、われわれの軍事制度を幾分なりとも完成の域に近づけるためにだ。そうなると、一度にわたしは、軍隊がどのように会戦に向け配置されるか、実際の戦闘にいかにのぞむか、また模擬戦ではどう教練するものか、示していこう。

会戦用に軍隊を編制する人びとがしでかす最大の混乱は、先頭だけを整えて全軍に突撃を強いて、運命まかせに出ることだ。そうなるのは、一つの列隊を別の列隊の中に吸収するという、古代人が守った方法を失ったがためだ。というのも、この方法を用いないことには、第一列の応援に入ることも、救護することも、交替して戦闘を引き継ぐこともできないのだが、これぞローマ軍が、何にもまして守りぬいたことだった。そこでこの戦法を説明するために、わたしは次のように申し上げたい。すなわち、ローマ人は各軍団《レギオン》を三つの部分、つまり槍兵隊、重装歩兵隊、第三列兵隊に分けていた。その中で、槍兵隊は密集隊形を組んで、軍団の最前列に配置された。その後ろに重装歩兵隊が控えるが、彼らの隊列は少しまばらであった。これらの背後には第三列兵隊が置かれ、その隊列は非常にまばらで、いざとなれば、重装歩兵や槍兵をその中に吸収できるようになっていた。このほかにもローマ人は、投石器兵、石弓兵、その他の軽装兵を擁していた。こうした要員は隊列の中にいるのでなく、軍団の先頭の、騎兵と歩兵との間に位置していた。したがって、この軽装備兵が戦闘の口火を切ることになった。めったに起きることではないが、もし彼らが〔前面の敵兵を〕打ち破った場合には、勝利まで突き進んだ。もし反撃された時は、軍団の両側面に沿って、あるいは隊列に出来ている隙間をすりぬけて後退し、さらに非武装兵のところまで退却した。彼らが退いたあとは、槍兵隊が進み出て敵と取っ組み合った。槍兵隊が打ち負かされそうになると、彼らは重装歩兵隊の隙間をくぐりぬけて少しずつ後退し、重装歩兵と合体して再び合戦にのぞんだ。もしこれでも劣勢となった場合は、皆がこぞって第三列兵隊の隙間に身を引き、そして全兵打って一丸となって戦闘を再開した。それでも敗れたとなれば、もう他に救済策はなかった。それは立て直しようがなかったということである。騎兵の方は軍団の両横脇に、あたかも胴体に生えた二つの翼のように位置し、ときに敵の騎兵と戦ったり、必要に応じて歩兵を援護した。この三度立て直す戦法は、これを凌ごうとしてもほとんど不可能なのだ。なぜなら、運命が三度も貴君を見放し、また敵が三度も貴君に勝利する力《ヴィルトウ》を持っていることが必要となるからだ。

ギリシア人だが、密集方陣《ファランクス》隊形ではこれを立て直す方法を採用しなかった。密集方陣の中にはたくさんの幹部がいて隊列も多かったけれども、ひとかたまりとなるか、あるいは〔正面を重視して〕前掛かりになって戦った。彼らが用いた相互支援の方法は、一列隊がもう一方に退いて立て直すローマ軍のようにではなく、兵士がもう一人の持ち場に入り込むものだった。それは、次のような方法で行われた。まず密集方陣の隊伍が編制された。横一列に五十人を並べたとすると、次にそれを先頭に敵とぶつかっていくのだ。すべての隊列のうち、最初の六列だけが戦うことができた。そのわけは、サリッサ〔マケドニア人の大槍〕と呼ばれた彼らの長槍は非常に長く、第六列目の長槍の穂先が第一列の外にまで届くほどであったからである。結局戦闘中、第一列目の誰かが戦死したり、負傷して倒れたりすれば、すぐにもその持ち場に後ろの二列目の兵士が駆けつけた。そして、第二列目の空いた場所には、後ろにいる第三列目の兵士が入り込んだ。こうして次々と間髪をいれず、後列の者が前列の穴を埋めていったのである。だから隊列は常に満杯状態となり、どの持ち場も戦闘員に欠けることはなかった。例外は最終列で、ここは背後に埋め合わせてくれる者がいないのだから、消耗するばかりだった。こういうわけで、前方の隊列がやられると後列がすり減っていき、前の方は常時全員がそろっていた。したがって、密集方陣はその仕組みからいって、粉砕されるよりは、消耗していくもので、というのも大規模な密集兵は動きが鈍かったためだ。当初、ローマ人は密集方陣を用いて、それに似せて彼らの軍団《レギオン》を教育した。その後、この編制はローマ人の気に入らぬところとなって、彼らは軍団をより多くの隊に、すなわち中隊《コオルティ》や小部隊《マニポリ》に分けた。それというのも、少し前に述べたように、そうした規模の方がより生気に溢れ、またより気力が増すと判断したからで、ローマ人は、できるだけ多くの部分から構成されることで、それぞれの隊が自力で支えられるようにしたのだ。

スイスの諸大隊は今日、密集方陣の方法をそっくり用いており、大規模で詰まった隊伍を組むことでも、相互支援においてもそうである。そして会戦の時には、大隊を互いの側面に〔横並びに〕配置している。もしも互いに前後して〔縦列で〕配置する場合、前の隊列が後退して二番目に吸収されるようなことは起こり得ず、相互支援にあたっては、こうしているのである。つまり、一つの大隊を前に出し、その後ろの別の大隊は右手に控えさせ、そんな具合に、もしはじめの大隊が援護を必要とすれば、後ろの大隊が進み出て前を支援できるようにだ。これらの後ろに三番手の大隊が配置されるが、火打石弓銃の射程外に離れている。こうする理由は、先の二つの大隊が撃退された場合、三つ目の大隊が前に出られるようにであり、また空間をとることで、退却する方と前進する方との互いの衝突を避けるためだ。それというのも、大規模な兵士集団は小さな隊のようには吸収できないわけで、だからローマ軍団《レギオン》の中の小さく区分けされた隊は、それぞれの間で吸収することも、また容易に援護し合うこともできた。そして、このスイス式編制が、古代ローマ式ほど優れていないということ、これは、ギリシアの密集方陣軍と戦った、ローマ軍団の多くの先例が示しているところだ。ギリシア軍は、常にローマ軍団によって消耗させられたが、それは軍隊の編制方法に因る。先にも述べたように、この〔ローマ軍の〕立て直すやり方は、密集方陣の強固さを凌ぐ力となり得た。

したがって以上の例から、軍隊を編制しなければならぬ時には、ギリシアの密集方陣からも、ローマ軍団からも、武器と編制の仕方を採るのが良いと思う。そこでわたしは、一つの大隊にはマケドニア式密集方陣の武器である長槍二千と、ローマ式の武器である楯に剣の楯兵三千が望ましい、と言ったのである。わたしは、ローマ軍のように、その軍団《レギオン》が十の中隊からなるごとく、大隊を十の小隊に分けた。装備の乏しい軽装兵は、彼らなりに戦闘の火ぶたを切らせるよう配置した。

こうして干戈が交えられ、互いの国が戦闘態勢に入り、さらには諸部隊が参戦するわけだから、わたしは各小隊が五列の長槍兵を先頭にして、残りを楯兵とするように命じた。それは、正面で騎兵〔の襲来〕に持ちこたえて、難なく敵の歩兵部隊に入り込むことができるようにである。つまり敵と同じく、最初の衝突では長槍兵を用い、彼らが敵方に耐えてくれれば、わたしとしてはそれで十分であって、続いて楯兵が出て敵を打ち破るというわけだ。もし諸君がこの編制の効力《ヴィルトゥ》に注目するならば、これらの武器がみな完全にその役目を果たすことが分かるだろう。というのも、長槍は騎兵に対して有効であり、歩兵に向かう時には、戦闘が白兵戦になる前に、自らの任務を見事に果たすこととなる。なぜなら、混戦状態になると、槍は役に立たぬからだ。そこで、スイス軍はこの不都合を避けるため、長槍兵三列ごとの背後に一列の矛槍兵を配備している。そうすれば、長槍を使うゆとりができるものの、それで十分とはいかない。したがって、われわれの長槍兵は前に、楯兵は後ろに置くことで、〔敵の〕騎兵に持ちこたえるようになるし、緒戦では〔敵の〕歩兵を攪乱して手こずらせてくれる。が、やがて戦闘が肉弾戦となれば、長槍は無用となり、剣を手にした楯兵があとを引き継いで、どんなに窮屈なところでもうまくやっていけるのだ。

ルイージ　わたしたちは今まさに知りたいと待ち望んでいるのですが、このような武器と編制で、あなたは会戦に向け、どのように全軍を仕立てていかれるのでしょうか。

ファブリツィオ　わたしとしては、今諸君にお教えしたいのは次のことだけだ。ご理解願わねばならんのは、執政官軍と呼ばれていた正規のローマ軍には、ローマ市民から成る二つの軍団《レギオン》があるのみで、それは六百の騎兵と、およそ一万一千の歩兵であったことだ。さらに、同数の歩兵と騎兵を備えていたが、こうした兵士はローマの友好国や同盟国から派遣されていた。ローマ人は彼らを二つの部隊に分けて、一方を右翼隊、他方を左翼隊と呼び、これらの援軍歩兵がローマ軍団《レギオン》の歩兵の数を超えることを決して許さなかった。もっとも騎兵の数が上回るのは大歓迎(1)だった。二万二千名の歩兵と、約二千騎の有用な騎兵から成るこの軍隊を使って、一人の執政官があらゆる戦いを行い、あらゆる作戦に赴いた。しかし、より強大な敵に向かう必要のある場合には、二人の執政官が力を結集して二軍隊合同となった。さらに注意すべきことに、通常、軍隊が行う全部で三つの主要な活動において、つまり行軍し、宿営し、戦闘するといった際に、ローマ人は〔正規〕軍団《レギオン》を中央部に配置したということだ。それというのも、彼らが何より信頼を寄せたあの力量《ヴィルトゥ》が、さらに結集されることを望んだからで、この三つの活動を論じていく中で、諸君にも明らかとなろう。援軍歩兵の方は、軍団《レギオン》歩兵と一緒の演習だったので、彼らと同じく有能だった。なぜなら、軍団《レギオン》歩兵のごとく仕込まれたからで、その結果、同じ方法で、会戦に備えて編制された。したがって会戦の際、ローマ人が全軍の中に一軍団《レギオン》をいかに配置したかを知る者は、全軍すべての配置についても知ることになる。だから、諸君にはローマ人が一軍団《レギオン》を三つの列隊に分け、一列隊がもう一つを吸収することも述べてきたのだから、わたしは会戦において、全軍をどのように編制するかを申し上げたに等しい。それゆえ、わたしは二軍団《レギオン》を有したローマ軍に似せて、会戦に備えたいわけだから、わたしは二大隊を採用しよう。そして、これら二大隊が配置につけば、全軍の編制はのみ込めるだろう。というのも、兵員をもっと追加するには、他でもなく隊列を増やしさえすればよいからだ。わたしはもう必要はないと思うが、一大隊に何人の歩兵がいるとか、一大隊は十小隊をもつとか、小隊にはどんな長がいるとか、いかなる武器を備えているとか、正規軽装兵や長槍兵がどうで、予備兵がどうとか、諸君に思い出させるまでもあるまい。それは少し前に、はっきりと諸君に述べたし、他の隊列編制をすべて理解するためには、不可欠な事柄として諸君の記憶にとどめておいた。だから、もう一度繰り返さずに、布陣の説明に進むとしよう〔第三巻末図4〕。

わたしが考えるには、一大隊の十小隊は左側面に、別の大隊の十小隊は右側面に位置させる。左側の諸小隊の配置はこうするのだ。五つの小隊を、それぞれ横に並べて先頭に置き、互いの間隔が四ブラッチャとなるようにする。すると横幅一四一ブラッチャに縦四〇ブラッチャ分の土地を占めるにいたる。この五小隊の後方には、他の三小隊を置くとしよう、はじめの四〇ブラッチャから縦方向に距離をとってである。三小隊のうちの二つは、五小隊の両端の後ろに真っ直ぐ続いており、残る一隊は真ん中に位置する。それでこの三小隊は、五小隊と同じ横幅と縦の長さの空間を占めるものの、五小隊同士の間隔が四ブラッチャのところが、三隊の方は三三ブラッチャとなる。以上につづいて、最後の二小隊も三小隊の後ろに並べ、三小隊からは直線距離で四〇ブラッチャ離す。そして二小隊のいずれも、三小隊の両端の後ろへ置くとして、そうなると、二小隊の間隔は九一ブラッチャとなる。結局、こうしてすべての小隊が編制されれば、横幅が一四一ブラッチャ、縦の長さは二〇〇ブラッチャとなろう。予備長槍兵は、以上の小隊の左側面に沿って並べるが、本隊から二〇ブラッチャの距離をおいて、横一列につき七名の百四十三列としよう。その長さはちょうど、わたしの言ったやり方で並んでいる十小隊の左側面を、すべて包み込むようになっていて、さらにはみ出た四十列は、十人隊長と百人隊長を所定の場所に付けても、全軍の最後尾に位置する輜重隊《しちょうたい》や非武装兵を守れるほどである。三人の司令官については、一人を先頭に、もう一人は中央に、三人目は最終列に配置し、この三人目は教導役〔テルジドゥットーレ〕なのだが、古代の人びとは、軍隊の背後を任された者をこう呼んでいた。さて軍隊の先頭にもどって、わたしは予備長槍兵のそばに予備軽装兵を置こうと思う。その横に予備軽装兵はご承知のように五百で、彼らには四〇ブラッチャの空間を与えよう。その横の備軽装兵はご承知のように五百で、彼らには四〇ブラッチャの空間を与えよう。

さらに左側に、重装騎兵を配備し、一五〇ブラッチャの空間を持たせたい。この次には、軽装騎兵が続き、彼らにも重装騎兵と同じ空間を与えよう。正規軽装兵は、所属の各小隊の周辺にそのまま残しておき、わたしが小隊相互の間に設けた空間に張り付くようにさせよう。彼らは各小隊の守り役となってくれるはずで、予備長槍兵の下に配置するのもどうかと思うけれども、それをするかしないかは、わたしにとってどちらに分があるかによる。大隊指揮官は、諸小隊の第一列と第二列の間にある空間に置くか、あるいは先頭もしくは最初の五小隊の端と予備長槍兵との間の空間に置くかであろうが、それはわたしの状況判断次第だ。指揮官には、選り抜きの三十人から四十人の兵士をつけ、彼らは機敏に命令が遂行でき、襲撃に持ちこたえうるだけの屈強な兵士とする。また指揮官は、鼓笛兵と旗手の間に身をおいている。以上が、左側に一つの大隊を配置する編制だ。これで全軍の半分の配置となり、それは横幅にして五一一ブラッチャ、縦の長さは前に述べたとおりで、非武装兵を守る予備長槍兵の部分は勘定に入れていないが、その部分は約一〇〇ブラッチャになろう。もう一つの大隊は右側に、ちょうどわたしが左側を編制したやり方で配置して、大隊の一方から他方までは、三〇ブラッチャの距離を残しておく。この空間の先頭に、砲車を何台か据え、その背後に全軍の総指揮官が立つ。周囲には鼓笛兵と旗手隊長をともない、少なくとも二百名の選抜兵士が控える。その大部分は歩兵で、この中の十人かそれ以上が、あらゆる命令の伝達資格をもつ。総指揮官は馬上で装備万端だが、必要に応じて、騎乗の場合と、馬を下りる場合がある。全軍の砲兵隊は、都市を攻略するのに十門の大砲があれば十分で、五十リッブラ砲〔一リッブラは重量約四五四グラム〕を超えることはない。これらは会戦で使われるよりも、むしろ野戦での宿営地を防禦するために用いたい。その他の火器はすべて、十五リッブラよりは十リッブラ砲だ。以上は、全軍の正面前方に置くとしよう。ただし、その土地が砲兵隊を脇に配置するには不向きで、敵から攻撃されぬような安全な場所ではない場合のことである。

軍隊がこの編制隊形なら、戦闘の時には、ギリシア軍《ファランクス》とローマ軍団《レギオン》の隊列を維持することができる。それというのも、先頭には長槍兵がおり、全歩兵は隊伍を組んでいるから、敵と渡り合ってそれを喰い止める際、密集方陣式《ファランクス》に後列が出て前列を密集させることができるのだ。他方、押し込まれて隊列が崩れ、立て直しを余儀なくされる場合は、後ろの二列目の小隊との間にある空白地帯に入り込んでこれと一体となり、あらたに打って一丸となって敵の攻撃を支え、それと戦うことが可能となる。これでも不十分な時は、同じように二度目の後退をして、三度目の戦いもできる。もちろん、この編制で戦闘に当たるのだから、われわれの立て直しは、ギリシア方式でありローマ方式でもある。軍隊の強さとなると、これ以上強力に編制することはできない。というのも、両翼にも数々の隊長と武器がひしめいており、弱点といえば非武装兵の背面部分以外にはないのだが、そこは予備長槍兵によって両側を包み込んでいるわけだ。敵勢は、あなたの隊列のほころびを除いて、いかなる箇所も攻撃できるものではない。背面部分とて攻撃されることはない。なぜなら、どの方向からも同じ力であなたに攻撃を仕掛けられるような敵など、存在するはずがないからだ。それに万が一いるのなら、戦火を交えに自ら赴く必要はないのである。だが、あなたを上回る第三の敵がいて、編制もあなたのように見事に整っている時、敵が多くの場所で攻め込みすぎて弱体化する場合、あなたがそのどこかを撃破すれば、敵軍は総崩れになるものだ。騎兵については、敵軍が味方よりも多い場合は、あなたの安全はこの上ないというのも、あなたを包み込む長槍兵の隊列が、相手騎兵のあらゆる突撃からあなたを守ってくれるからで、その際、味方の騎兵らは上手に押し戻されることが条件となる。このほか隊長たちは、命令やその履行が容易にできるあたりに配置されている。小隊同士の〔横の〕空間や列隊同士の〔縦の〕空間は、相互に吸収し合うことを可能にするばかりでなく、伝令が総指揮官の命令を受けて往来できる場所ともなっている。最初に述べたとおり、ローマ軍は全隊で約二万四千の兵員を擁していたので、同様にこうする必要がある。すなわち、戦闘方法と軍隊陣容については、他国兵でもローマ軍団《レギオン》に倣ったように、諸君が二大隊に加える兵士たちも、その隊形と決まり事を採用しなければならないだろう。そうした事柄については先例があったわけだから、たやすく真似ができるものだ。というのも、軍隊にもう二大隊を加えたり、あるいはその数に匹敵する外国兵を加えたりするには、隊列を二倍にするだけで事足りるのであって、十小隊を配置した左側のところに、二十小隊を繰り込み、地勢や敵勢にしたがって、陣容を拡げたり伸ばしたりすればよいのだ。

ルイージ　まったく貴兄の仰るとおりです。わたしはこの軍隊を、はや目のあたりにするかのように想像していますし、その軍隊が戦うさまを是非とも見てみたいものです。そしてあなたには、何がなんでもファビウス・マクシムス[2]になっていただきたくはありません。敵を見張っているばかりで、会戦を引き伸ばそうとのお考えなら、ローマ人民が投げかけた言葉よりも、もっとあなたのことをわたしは悪しざまに言うかもしれませんから。

ファブリツィオ　ご懸念には及ばない。諸君には大砲が聴こえないだろうか。我が軍はすでに発砲したが、敵にはほとんど損害を与えなかった。予備軽装兵は軽装騎兵と一緒に定位置から進み出て拡がり、あらん限りの叫声をあげながら鬼気迫るはげしさで敵に襲いかかる。敵の大砲は、一度は発射されたが、わが軍の歩兵の頭上を飛び越え、何の害も及ぼさなかった。敵の大砲は第二弾を発射できないため、わが騎兵と軽装兵がその大砲をすでに奪取したのがお分かりであろう。敵兵も大砲を死守しようと前方に繰り出してくる。こうして、味方の大砲も敵の大砲も、すでにその役目を果たし得ない。ご覧のとおり、我が軍は気力《ヴィルトウ》の限り、実に整然と戦っている、これは、そのように兵士を習慣づけた訓練と彼らが自軍に寄せる信頼のたまものなのだ。我が軍は歩みを進め、重装兵も一線となって、乱れることなく敵と相まみえるのが見えよう。わが軍の砲兵隊を見たまえ、味方に場所を空け、彼らが自由に動けるように、軽装兵らが抜けた位置に後退した。総指揮官は見てのとおり、兵士らを勇気づけ、勝利が確実なことを示している。それに軽装兵と軽騎兵は展開して、全軍の両脇に後退の上、側面から敵軍に対して何らかの損害を与えられるかどうか確かめているのが見て取れよう。

　さあ今や両軍はぶつかり合った。よく見ていただきたい、わが軍は並々ならぬ気力《ヴィルトウ》を振り絞って、敵の攻撃を粛々と支え、また総指揮官は重装兵に命じて、防戦にこれつとめて反撃はさせず、歩兵の隊列から離れぬようにさせていることか。ほら、味方の軽騎兵は、側面攻撃をしようとした敵の火打石弓銃部隊に突進した。敵の騎兵は、その救援に駆けつける。両軍の騎兵に挟まれて、火打石弓銃兵は撃つに撃てず、所属の隊に引き下がる。見よ、わが軍の長槍兵は、何と激しくやり合うことか、早や歩兵は互いにひしめき合っていて、長槍兵もうまくは立ち回れない。そこで、われわれの教練にのっとって、味方の長槍兵はじりじりと楯兵たちの間に退却する。今度は、敵の重装兵の大集団が、左側からわが重装兵を押しまくった、するとわが軍は、訓練どおり予備長槍兵近くに退却の上、彼らの支援で先頭を立て直し、敵を迎え撃ってはその大半を殺してしまったのが分かろう。その間、一列目の小隊の正規長槍兵すべては、楯兵の隊列の中に身をひそめ、戦闘は楯兵に委ねられた。見るがよい、彼らはその多大な団結力《ヴィルトゥ》と自信でやすやすと敵兵を葬り去る。諸君には、戦闘中、みるみる隊列が詰まっていって、ほとんど剣を振り下ろせないことに気づかれないだろうか。見給え、敵兵が次々と死んでいく。そのわけは、長槍と彼らの剣で武装したとしても、一方は長すぎて使いものにならず、他方は十二分に武装した相手が敵だからで、一部は落馬して負傷するか死んでしまい、一部は逃亡してしまうのだ。見てのとおり、敵軍が右側面から逃げていく、また左側からも散っていく。これで勝利は、わが軍のもの。われわれは、これほどまでに首尾よく会戦に勝利したことはなかったのではなかろうか。

もしも実際の戦争の指揮がわたしに委ねられていたなら、もっとやすやすと勝利を手にしただろう。見てのとおり、第二列隊も第三列隊も役立てる必要などなかったことが分かろう。敵に打ち勝つには、わが軍の先頭の一列目だけで十分だったのだ。この件では、諸君に何か疑問点があるならお答えするとして、わたしは他に何も申し述べることはない。

ルイージ　あなたは一瀉千里《いっしゃせんり》の勢いでこの会戦に勝利されたので、すっかり感服して驚き入るばかり、わたしの心の中に何らかの疑問が残ったかどうかも、うまく説明できかねるところです。それでも、思慮深いあなたを信頼して、勇気をふるってわたしの思うところを申し上げます。まず、最初にお教え下さい。どうして、あなたは大砲を一度しか撃たせなかったのでしょうか。それと、なぜすぐにも砲兵隊を自軍の中に退却させて、それについてはもう言及なさらないのでしょうか。あなたはさらに、敵の大砲を頭上高くやり過ごして、都合のいいようにされていますが、うまくできすぎているように思われるのです。しかし、しばしば起こることだとわたしは思うのですが、隊列に命中しようものなら、どんな手立てを打たれるのですか。わたしは大砲の話から始めたので、これ以上議論を重ねないためにも、この質問の答えを是非とも伺いたいと思います。わたしの聞くところでは、多くの人たちが古代の軍隊の武器や編制を蔑《ないがし》ろにして、現代ではそのほとんどというか、さらには全くもってすべてが大砲の威力の前には無駄だ、と議論するありさまです。なぜなら、大砲は隊列を粉砕し武具を貫通してしまうので、維持もできない陣容を整え、兵士の防禦もできない装備を苦労して携行するのは、狂気の沙汰と人々には思われているわけです。

ファブリツィオ　貴君の質問は、たくさんの問題点をかかえているので、長い答えが必要だ。事実、わたしは一度しか大砲を発射させなかったが、このたった一回の砲撃でさえ疑問を持っている。その理由というのも、重要なのは敵を狙い撃つよりも、砲撃されないよう注意する方が大切だからである。諸君に理解してもらわねばならんのは、大砲で損害を受けたくないなら、砲弾の届かぬ場所に身を置くか、あるいは城壁か保塁の後ろに隠れるかのどちらかが必要ということだ。それ以外には防ぐ手立てはなく、むろん、その城壁と保塁もさらに堅固であることが欠かせない。会戦に赴く指揮官たちとなれば、城壁や保塁の背後に身をひそめることはできないし、砲弾の届かぬ地点に留まることもできない。したがって、指揮官たちは自軍を守る手段を見出せないのだから、大砲の損害をより少なくする手立てを見つけねばならない。それには、すばやく敵の大砲を奪取する以外に方法はない。大砲を占拠するには、迅速かつ散らばって大砲を見つけにいくこと、それもぐずぐずせず、ひとかたまりになってはいけない。そのわけは、迅速であれば二度目の砲撃を許すことはないし、散らばっていれば、傷つく兵士の数も少ないからだ。

これがなせるのは、隊伍を整えた一団ではない、というのも、歩みを素早くすると、その一団はばらばらになるわけで、散開隊形で進めば、敵に攻撃の手間をかけさせぬどころか、自滅してしまう。だからわたしは、一つのことも他のこともできるように、軍隊を編制した。それというのも、その両翼に千名の軽装兵を置き、彼らが、味方の砲兵の発射後に、軽騎兵と協力して敵の大砲を占拠できるよう発進することを命じたのだ。よって、わたしは自軍の砲門を二度と開かなかったが、それは敵に猶予を与えぬためであり、また味方側に余地を与えることも、敵からそれを取り上げることもできなかったからだ。二度目の発砲をさせなかったのと同様に、最初であっても敵が砲撃できないとなれば、わたしは一回目を発射させることすらしない。なぜかと言えば、敵の大砲を役立たなくさせるためには、それを攻撃する以外に手立てがないからで、敵がもしも大砲を放棄すれば、味方がそれを占領するし、敵がそれを死守しようとすれば、彼らは大砲を後方に残す必要に迫られるというわけだ。こうなれば、敵のものであろうと、味方のものであろうと、発射はできない。実例を示すまでもなく、これまでの議論は、諸君に十分納得してもらえたのではないかと思う。だが、古代の諸事例を引用できるので、そうしてみたい。ウェンティディウス[3]がパルティア人と会戦に及んだときのこと、パルティアの勇武《ヴィルトウ》はその弓と矢によるものがほとんどであったのだが、ウェンティディウスは軍隊を率いて出立する前に、ほとんど自軍の宿営地までパルティア軍を接近させるがままにした。こうしたのはただ、敵兵をたちどころに抑え込んで、彼らに弓矢を射る余地を与えぬためであった。カエサルがフランス〔ガリア〕の地で述べていることだが、ガリア人[4]との会戦の際、彼らから瞬く間に攻撃を受けたため、味方がローマ軍のしきたりに従って、投げ槍を放ついとまもないほどだったとしている。だから明らかなのは、戦場にあって、遠く離れた所から飛んでくる何ものかが、味方に損害を与えぬことを望むなら、それをできる限り機敏に奪取してしまう以外に対策はないのである。さらに別の理由から、大砲を撃たずに済ませる動機がわたしにはあった。おそらく、それを聞けば諸君は笑いだすだろうが、このことを軽く見るべきだとは思わない。さて、視界を妨げることほど、軍隊に多大な混乱を引き起こすものはない。それだから、多くの精鋭無比な軍隊が、その視界を塵や太陽の光で妨げられて、一敗地にまみれてきた。それに大砲が発射時に出す硝煙ほど、視界の妨げになるものはない。だから、味方が視界の利かない中、敵を求めて探しに行くよりも、敵軍自ら盲目状態となるままにしておく方が思慮に富むと思われるのだ。よって、わたしは大砲を発射させないか、あるいは（次のことは、大砲がもつ信頼性の点で公認されているわけではないが）軍隊の両翼の隅に大砲を据えるようにしたい。それは、発射の際に、その硝煙で自軍の正面が見えなくなるのを避けるためで、これは部下の兵士たちにとっては重要なことなのである。敵の視界を妨げるのが有効なことは、エパメイノンダス[5]の故事で分かる。彼は、会戦を挑んできた敵軍の視界をくらませるために、配下の軽騎兵に敵軍の前面を駆け抜けさせた。それで砂ぼこりを巻き上げ、敵の視界を遮ったわけで、これによって、彼は敵を打ち負かした。

　わたしなりの勝手な言い分で、〔敵の〕砲兵隊の放つ砲弾を〔味方の〕歩兵の頭上ははるか上方に飛び越えさせたと貴君が思われている点については、わたしは次のように答えておく。すなわち、大型砲はそのほとんどの場合、歩兵に命中するよりは当たらないことの方が、比較にならぬほど多いのだ。なぜなら、歩兵とはひどく丈が低く、かつ大砲はたしかに操作が面倒なので、ほんの少しでも仰角を上げると、弾丸は歩兵の頭上を通りすぎてしまうものだ、また砲門を下げると地面に着弾して、歩兵まで弾丸が届かないのである。さらに、歩兵は土地の起伏でも守られている、というのも、歩兵と大砲の間にあるどんな小さな灌木やこぶでも大砲の障害となるからだ。騎兵の中でもとりわけ重装騎兵の場合は、軽装兵に比べて密集する必要があり、さらに背丈が高いために好個の標的となることから、大砲が発射されるまでは、軍隊の後方に待機させておける。実際のところ、火打石弓銃や小型砲の方が、大砲よりもずっと多くの兵士に危害をもたらす。大砲に対する最大の対策は、時を移さずに奪取すること、最初の攻撃で幾人かの戦死者が出るとしても、いつも何人かは命を落としたのだから。優秀な指揮官、優秀な軍隊とは、個々の細かい損害を怖れてはならず、むしろ全体としての損害を念頭におかねばならない(6)。それとスイス軍を真似ること、彼らは大砲で度胆を抜かれても、決して会戦を回避したりはしない。むしろ大砲を怖がって隊列を離脱したり、あるいは人に怖がるそぶりを示した者には、罰として死刑を与えている。わたしは、大砲が発射されるや、砲兵を全軍の中に後退させたが、それは小隊に自由な通路を残すためなのだ。もうこれ以上、大砲についての言及はやめだ。白兵戦になれば、大砲はもう無用の長物となってしまう。

さらに諸君が言われたのは、この〔大砲という〕道具のすさまじさに関連して、多くの人びとが古代の武器や編制方式では意味をなさないと判断しているという点だ。そうだとすると、現代人は、大砲に対して有効な武器や編制を発見してしまったかのようだ。もし諸君がこれをご存じなら、それをわたしに説明してくれるとありがたい。というのも、わたしは今までそれについて何も見ていないし、発見できるとも思わないから。よって、そうした人々から伺いたいのは、どういった理由で現代の歩兵が鉄の胸当てや胴鎧《よろい》を身にまとい、また騎兵は全身を甲冑で被っているのかということだ。それというのも、古代の武装が大砲に対しては無用の長物だと非難するなら、こうしたものも避けるべきであろうからだ。さらに伺いたいのは、何の理由があってスイス軍は古代の編制と同じく、六千ないし八千の歩兵から成る密集隊形を作るのか、さらに、いかなる理由から皆がみなスイスの真似をしたのだろうか。この編制方式は、こと大砲に関しては危険をもたらし、古代を模倣すれば他の国々であれ、同じような危険を招くに違いないというのに。わたしは、彼らには答えることはできないだろうと思う。しかし仮に諸君が何らかの判断力をもつ兵士たちに尋ねるとすれば、こう答えるだろう。第一に今も武装しているのは、たとえそういった装備が大砲からわが身を守ってくれないとしても、石弓、長槍、剣、石、それに敵が繰り出す他のあらゆる攻撃を防いでくれるからだと。またスイス軍のように密集するのは、歩兵に打撃をうんと与え易く、騎兵にはよりよく持ちこたえることができ、撃破しようと向かってくる敵に多大な困難をもたらしてくれるため、と答えるだろう。だから分かるとおり、兵士は大砲以外にもっと他に多くのことを恐れねばならず、この多くのことから、武器と隊列編制があって、彼らは守られるのだ。以上のことから、よりよい武装が軍隊に施され、その編制がいっそう締まって強固であればあるほど、軍隊はますます安全なものとなる。そういうわけで、諸君の言われる意見を持つ人は誰でも、思慮が足りないか、ほとんど考え及んでいなかったということだ。それというのも、古代の武装方法で現代にも通用しているほんのごく一部といえば、それが長槍で、また古代の隊列編制のごく一部というと、それがスイス軍の大隊なのだが、これらは十分利点があって、今日の軍隊をたいへん強力にしているということが分かっているのであれば、どうしてわれわれは、他に見捨てられてきた武器や隊形でも役に立つと信じてはいけないのだろうか？　さらに、われわれは大砲を一顧だにせずに、スイス軍のような密集隊形をとっているなら、他にどのような編制をすれば、われわれがもっと大砲を恐れるようになれるだろうか。隊形を編制することでこそ、われわれが大砲をそれほど恐れずに済むようにできるのだから、それでもって兵士らの密集隊形となるのである。これに加えて、わが戦場がかなりの精度で狙い撃ちしてくる城塞都市の場合、敵の大砲には仰天しないが（城壁に守られているがゆえに、わたしはその大砲を占拠できず、ただ時間をかけ、味方の砲兵隊を繰り出し、砲弾を込めてはまたそれを発射するといった具合に阻止できるのみだが）、どうしてまた野戦ではわたしが大砲を恐れる必要があるのだろうか、そこならすぐにも大砲を奪取することができるというのに。以上からして、こう結論づけておく。わたしの考えからすると、大砲は、古代のさまざまなやり方を用いたり、古代の力量《ヴィルトウ》を顕わにするのを妨げるものではない。

もしこの大砲という武器について、わたしが別の機会に諸兄に話をしていなかったのなら、もっと続けてもよいのだが、わたしはこれまでに述べたことを振り返ってもらえればよいと思う。(7)

ルイージ　わたしどもは、あなたが大砲について仰ったことを、完全に理解できたのではないかと思います。要するに、戦場にあって敵軍と会戦する時に、敵の大砲をいち早く奪取することが、大砲に対する最上の方策であることを、あなたは示してこられました。そこでわたしには、一つの疑問が湧いてきます。それというのも、敵は大砲を彼らの軍隊の側面に配置することも可能で、するとあなた方に損害をもたらし、また歩兵に見守られているため、その大砲を奪い取ることなどできないように思われるのです。

わたしの記憶が正しければ、あなたは会戦用の軍隊を編制する際に、一つの小隊と別の小隊との間隔を四ブラッチャ、小隊列から予備長槍兵までが二〇ブラッチャとされました。もし敵があなたと同じような軍隊を編制して、大砲をうまくその隙間に置くとすれば、そうなるときわめて確実に、大砲があなたの軍隊に損害を与えるだろうとわたしは思うのです。というのも、大砲を奪取するのに、強力な敵兵のただ中に攻め込むことはできないからです。

ファブリツィオ　貴君の疑念は、実に思慮深い。わたしとしては工夫を凝らして、その疑問を解決するか、その対応策をお示ししよう。申し上げてきたように、これらの小隊は、行進中であろうと戦闘中であろうと、絶えず動いており、当然のことながら詰まっていく。だから、もしも諸君がさほど広くもない間隔をとって、そこに大砲を据えつけるなら、すぐにも隙間が詰まってしまい、もう大砲がその仕事を果たせなくなる。この危険を避けるために間隔を拡げれば、さらに大きな危険に陥ってしまう。なぜなら、間隔が拡がることで、諸君は、味方の大砲を奪い取ろうとする敵の手助けをしているばかりか、自分たちが撃破されるうき目にあいかねないからだ。ところで、諸君に知ってほしいのは、大砲を隊列中に置くこと、とくに台車に載せて動かす大砲の場合、それが不可能ということだ。というのも、大砲は一方向に進んで、反対方向に発射するからで、ちょうど前進して発砲しなければならない時は、撃つ前に回転させる必要があり、そして回転させるには、かなりの空間が要るわけで、五十台もの砲車はどんな軍隊も混乱させてしまう。だから、大砲は隊列の外に置かざるを得なくなり、そこで先ほど説明したように攻撃を受けることになる。ところで、大砲が隊列内に置けて、何らかの解決策が見つかると仮定しよう。すると実質的には、隊列を詰めて大砲の妨げとせず、敵に大砲を奪われないくらいに開いた空間を作ることとなろう。その対応策はと言えば簡単なこと、相手に応じて自軍の中に通路を作って、大砲の弾道を空けておけばよく、こうすれば大砲の威力は無力なものとなるであろう。たしかに以上のことは、いとも簡単にできる。なぜならば、敵は大砲を奪われまいとして、それを後ろの開いた空間の奥に配置するのであって、つまりその大砲の砲撃で味方を傷つけたくないから、砲弾はいつも真っ直ぐ、そのまま一直線に飛ばすようになるのだ。だから、砲弾に場所を空ければ、わけもなく避けることができる。それというのも、抵抗できないものには道を譲らねばならぬ、これが一般原則なのだ。まさに古代人は、象軍や大鎌戦車に対してそうしていた。

　思うに、いやむしろ、わたしは確信以上のものを抱いているのだが、貴君はわたしが都合のいいように会戦を提示してそれに勝利した、とお考えであろう。それでも、これまで述べたことで十分でない場合には、こう申し上げよう。すなわち、これまでのように編制し武装された軍隊であれば、最初の攻防で、現代のような編制の軍隊を打ち破れぬことなどあり得ないということ。現代の軍隊ときてはそのほとんどが前線しか作らず、楯はもたずに丸腰同然、迫りくる敵から身を守ることができない。編制の仕方は、各小隊を互いに横並びさせるから、軍隊の奥行が薄くなる。後ろの方へ一小隊ずつ並べるとしても、互いに吸収しあう仕組みがないため、軍隊は混乱して容易にかき乱される。軍隊には三通りの名前が与えられていて、それは前衛隊、本隊、後衛隊という三つの列隊に分かれているけれども、行軍のときと宿営場所を区別する以外には用いられない。だが会戦では、どの軍隊も兵士らに緒戦の突撃を義務づけ、そして当初の成り行き《フォルトゥナ》に委ねられてしまうのだ。

ルイージ　あなたの会戦の最中でさらに気づいたことなのですが、あなたの騎兵は、敵の騎兵に反撃されると、予備長槍兵のそばまで後退し、そこで彼らの助けを得て持ちこたえ、敵兵を後退させました。お言葉のように、長槍兵は騎兵に抵抗できるとは思いますが、それもスイス軍が仕立てる巨大で堅固な大隊の話です。しかし、あなたの軍隊が擁する先頭の長槍兵五列と脇の七人では、どうやって敵の騎兵に抵抗できるのか分かりません。

ファブリツィオ　マケドニアの密集方陣では、六列が同時に用いられると申し上げたかもしれないが、ご了解いただきたいのは、スイス軍の一大隊では、それが千列から構成されるにせよ、四列か、せいぜい五列が使用できるにすぎないのだ。それというのも、槍の長さは九ブラッチャあるからで、一ブラッチャ半は手で支える部分となる。よって、第一列目は槍の七ブラッチャ半が自由にしごける。第二列は手持ちの部分のほかに、列同士の空間分の一ブラッチャ半を費やしてしまうので、六ブラッチャの長さしか槍は使いものにならない。第三列目は、同じ理由で、四ブラッチャ半しか残らず、第四列目は三ブラッチャ、第五列目は一ブラッチャ半だ。それに続く列は攻撃の役に立たぬが、先に述べたとおり、前の諸列の態勢を立て直すには有効で、前五列の防壁のような役割をなしている。したがって、スイス軍の五列で騎兵に耐えられるなら、どうして我が軍の五列がそれを支えきれないことがあろうか。我が軍も後方に控える隊列がないわけではなく、ただわが方はスイス軍ほど長槍兵を持ち合わせないにしても、前列を支えて同じような支援をするわけである。貴君にとって、両側面に配備した予備長槍兵の隊列が薄いと思われるなら、それを方陣形に変えて、全軍の最終列に置いた二つの小隊の横に配置することもできよう。その場所からなら、やすやすと一丸となって先頭部および背後の支援が可能であり、また必要とあらば、騎兵の救援もなせるというものだ。

ルイージ　あなたが会戦にのぞまれる時には、いつもこの編制隊形を用いられるのですか。

ファブリツィオ　いや、いつもというわけではない。なぜなら、地勢や敵軍の数ならびに質によって、軍の隊形を変えねばならないからだ。この論議が尽くされる前には、いくつかの実例をお見せすることになろう。しかし、諸君に示したこの隊形は、他よりもかなり強力どころか、真に最強なのであって、だからこそ、そこから別の編制方法を知るための規準や順序が取り出せるのである。というのも、すべての学術には一般原則があり、その上に、大部分が基づいているわけだ。諸君に覚えておいてもらいたいのは、ただ一つ、すなわち、前線で戦う兵士たちが後方の控えによって救援されないような、そういう軍隊編制を決してやってはならぬということ。というのは、この過ちを犯す者は、その軍隊の大部分を役立たずのものにしてしまい、それに覇気ある敵に対してはひとたまりもないのである。

ルイージ　この件に関して、一つの疑問が浮かんできました。小隊の配置に際して、あなたは五隊を横一線に並べて最前列とし、中央部が三隊で、最後尾は二隊とされるのを拝見しました。それでわたしには、逆に各隊を編制する方が良いのではないかと思われるのです。なぜなら、そんな軍隊であれば、撃破するのが非常に難しく、誰かが攻撃した際に、深く侵入すればするほど、守りが堅いことが分かると考えるのです。あなたの編制では、陣中深く入れば入るほど、手薄なのが分かってしまう気がします。

ファブリツィオ　貴君には、ローマ軍団《レギオン》の三列目に位置した第三列兵隊のことを想い起こしてもらいたい。その兵員は六百名を超えることはなかったが、彼らが最終列にどのように配置されたのかを理解してもらえれば、貴君の疑いも少なくなろう。ご存じのとおり、わたしはローマの前例に従ったまでのことだが、最終列に二小隊を配備し、それで九百名の歩兵なのだ。ローマ式に倣うとすれば、少ないどころか、むしろ兵士の数を置きすぎるくらいだ。この実例だけで十分とはいえ、その理由を申し述べておきたい。それは、こういうことなのだ。すなわち、軍隊の最前列は、堅固な密集状態となっている。なぜかといえば、そこで敵の突撃を喰い止めねばならず、また味方を吸収する必要はないのだ。このため、そこは大人数の兵士となるわけで、兵員が少ないと、結束の緩みや頭数の点で、最前列が弱体化してしまう。けれども第二列隊は、敵に抵抗するよりも味方をまず受け入れねばならないから、大幅な間合いを取っておく必要がある。だから、第一列隊よりは、小人数となる。それにもし第二列隊の方が多人数か、もしくは同数なら、間合いを取れずに混乱を招くか、あるいは取れたところで、第一列隊との境が無くなって、つまり戦闘隊形が不完全になってしまう。貴君の言われたことは、真実ではないのだ。つまり、敵は大隊の奥深くへ侵入すればするほど、それが弱体なことが分かる、という貴君の考え方のことだ。それというのも、敵が第二列隊と戦えるのは、第一列隊と第二列隊が合体した場合に限られるからだ。まさに敵は、第一と第二列隊すべてをむこうにまわして戦わねばならないので、大隊の真ん中あたりが弱いどころか、いっそう強力であることを発見するようになる。同様の現象は、敵が第三列隊にたどり着いたときにも起こってくる。というのも、そこで敵は新たな二小隊とではなく、全大隊とぶつかり合わねばならないからだ。そしてこの後尾の部分は、より多くの兵員を吸収しなければならないので、空間はより広く、取り込む側はより少ない人員となる必要がある。

ルイージ　仰るとおり、共感を覚えます。しかし、次のことにも答えていただきたいです。もし一列目の五小隊が二列目の三小隊の中に後退し、それから八小隊が三列目の二小隊の中へとなると、八小隊が合わさり、次に十小隊が一体となるわけで、五小隊分と同じ空間には、八つであろうと十であろうと、収まりきらないと思われるのですが。

ファブリツィオ　最初にお答えする点は、その空間が同じではないということだ。というのも、五小隊には、四つの〔通路となる〕空間があって、三小隊ないし二小隊の列の間に撤退する時には、その空間を詰めていくわけだ。さらに、一つの大隊と別の大隊との間にもスペースはあり、各小隊と予備長槍兵との間にもスペースが残っていて、これらを全部合わせて横幅となる。これに加えて各小隊には、通常の並び方をしている時でも、変形している時でも、余分な隙間はあるもので、変形する際は、各小隊が隊列を詰めているか、拡げているかのどちらかだ。拡がっているなら、恐怖にかられて遁走におよぶ場合で、詰まっているなら、我が身の保全を図ろうと逃げるのではなく、どう守るかを心配している場合だから、こういう時は各小隊が密集して拡がることはない。さらに加えて、最前列の長槍兵の五列は、緒戦の攻撃を終えると、所属の小隊を抜けて全軍の最後尾に後退し、楯兵が戦えるように場所を空ける。その長槍兵は、最後尾につけば、総指揮官がよかれと判断する任務に当たることができ、その前方で戦闘が白兵戦状態となってしまえば、空間も何もすべてが無意味となろう。だから、通常の空間で、残る兵士は十二分に収容できるのだ。それでも、このスペースが十分でないなら、両側面は兵士であって壁ではないのだから、彼らが譲ったり拡がったりして、味方を受け入れるだけのスペースはつくれるものだ。

ルイージ　あなたが軍隊の脇に置く予備長槍兵の隊列なのですが、最前列の各小隊が二列目に後退する時、その隊列はじっと動かずに、軍隊の二つの触角のように踏みとどまるのがよいと思われるのか、あるいは彼らも、各小隊とともに退却するものなのでしょうか。退却するといっても、その必要があるときは、どうしたものかわたしには分かりません。後ろには、吸収してくれる余裕のある小隊は控えていないのですから。

ファブリツィオ　もしも諸小隊の後退のやむなきときに、敵が予備長槍兵と戦っていないのなら、彼らは各自の持ち場にとどまり、一列目の各小隊が退却したのちに、敵方に側面攻撃を仕掛けることができる。だが、敵が彼らとなおも戦っている場合は、当然のことながら、相手が強大で残る小隊をも圧倒しうるから、予備長槍兵もまた後退しなければならない。その点は、彼らの後ろに誰も吸収してくれる者がいないとしても、首尾よく行える。というのも、中央部から前の列は、それをもう一方の列に入れ込むことで、縦方向に重ねることができるからだ。ちょうど隊列を二倍にするところで議論したときのようにである。たしかなことは、二重にしながら後ろへ退却するとなると、わたしが諸君に示したのとは別の方法をとらねばならないということ。それというのも、わたしは諸君に、二列目が一列目に入って、四列目が三列目に、こうして順次続けてと申し上げたが、この場合は、前方に始めるのではなく、後ろへ向けて、つまり隊列が二重になることで、後ろ側に後退していく必要があり、前に進むのではないからである。

さて、わたしが説明してきたこの会戦に関して、貴君から出てきそうなあらゆる質問に答えるには、改めてこう申し述べておく。つまり、わたしがこの軍隊を編制して、この会戦をお目にかけたのには、二つの理由がある。一つは、いかに編制するか、もう一つはいかに教練するかを諸君に明示するためなのだ。軍隊編制については、十二分に理解してくれたものと思う。教練については、できる限り繰り返して、兵士を諸隊形に習熟させねばならず、各隊長は、それぞれの小隊の編制維持を習得しなければならない。一人ひとりの兵士には、各小隊の隊列遵守があるのだから、各小隊長は、全軍の編制規律を守り、そして総指揮官の命令に従えるようになること。よって、全兵が各小隊の間の連携をはかることができ、一瞬のうちに、それぞれの持ち場につけることが好ましい。だから、各小隊の隊旗は、目立った場所に隊の番号を書き入れたものだった。それは、命令を各隊に伝えるためであり、また総指揮官と兵士がその番号で、手軽に各隊を識別するためなのだ。さらに各大隊も番号がふられて、大隊旗に番号を入れねばならない。したがって、どの番号が左翼あるいは右翼の大隊か、どの番号が正面ないし中盤の小隊か等々、順に分かるのである。さらに、これらの番号は、各部隊の格づけの指標であることが望ましい。例を挙げれば、第一の位が十人隊長で、第二位が正規軽装兵五十名の隊長、第三位が百人隊長、第四位が第一小隊司令官、第五位に第二小隊司令官、第六位には第三小隊司令官で、以下順次、第十小隊司令官まで至り、彼は、大隊指揮官に次いで二番目に高い位と目されるわけだが、何びとであれ、これらの階級をすべて昇らなければ大隊長になることはできない。これらの長のほか、予備長槍兵の三名の司令官、それに予備軽装兵の二名の司令官がいるから、彼らは第一小隊司令官と同じ序列におきたい。同じ階級の者が六名いたところで、気にやむ必要はなく、それぞれが第二小隊への昇進をめぐって競いあうのである。したがって、以上の各幹部は、どこに自分の小隊が位置すべきかを心得ていて、当然のことながら、ラッパが鳴り司令官旗が高く翻るや、全軍が所定の位置につくこととなろう。これぞ軍隊が習慣とすべき第一の教練、すなわち、瞬時に隊形を組むための訓練なのだ。そうするには、毎日そして一日に何回も、隊列を整えたり崩したりする必要がある。

ルイージ　あなたなら、全軍の各隊旗には番号のほかに、どのような紋章をつけられるのでしょうか。

ファブリツィオ　総指揮官の軍旗には、全軍の最高責任者の紋章をつけるべきだろう。他のはすべて同じ印をつけてもよいし、生地かあるいは印を変えて変化をもたせてもよいが、全軍のトップ次第となろう。というのも、互いに識別しやすくなるとしても、この点はさして重要ではない。さて、もう一つの教練に移ろう、ここでも軍隊は訓練に励まねばならないが、それはすなわち、軍隊を行軍に都合のよい歩幅で歩かせ、行進しながらも隊列が維持できるかを見るものだ。第三の教練は、来るべき会戦の際に必要な動き方を学ぶということである。大砲は砲撃してから、後退する、予備軽装兵が出る、そして攻撃すると見せかけて引き揚げる。最前列の各小隊は、押し込まれたとして、二列目の隙間に退却し、次に全部が三列目の中に引く、そこでそれぞれが所定の場所につく。こうした訓練に兵士たちを慣れさせ、どの兵士にとっても自明で親しみが持てるようにするのだ。これは、演習を積み、慣れ親しむことで果たされる。第四の教練は、音色と隊旗に従って、自分たちの司令官の命令を識別するというもの、なぜなら、声で伝えられる命令は、他に何の指示もない場合にのみ兵士の理解するところとなるからだ。そこでこの種の命令にはその音色が重要であって、古代の人びとがどのような音色を利用したかを諸君に申し上げよう。

トゥキュディデース(8)によれば、ラケダイモン〔スパルタ〕人は軍隊で野笛を用いた。というのも、その音調が、軍隊をせき立てず荘重に行進させるのにより相応しい、と判断したからである。これと同じ理由によって、カルタゴ人(9)は最初の攻撃で竪琴を用いたものだった。リュディアの王アリアッテス(10)は、戦争時に竪琴と野笛を用いたが、アレクサンドロス大王とローマ人は角笛とラッパを使用した。彼らは角笛とラッパの力をかりて、兵士らの士気をさらに高めながらますます大胆に戦わせることができると考えたのだ。ところでわれわれは軍隊を武装させる際、ギリシアとローマの方式に従ったように、楽器についても、両国の習慣が役に立つことになろう。だから、総指揮官のそばにはラッパ兵を配備したい。その音は軍隊を奮い立たせるばかりでなく、いかなる喧騒の中であれ、他のどの音よりも聞き分けるのに適している。各大隊の指揮官や各司令官のまわりに置くその他の楽器はすべて、小さな太鼓や野笛としたいが、現在使われているものではなく、宴席用に演奏するならわしとなっているものの方だ。したがって総指揮官は、ラッパの音で、いつ停止し、いつ発進し、いつ後退するのか、いつ大砲を発射し、いつ予備軽装兵が出るのか、を指示する。また、音色にさまざまな変化をつけて、全体としてのあらゆる動きを全軍に示すが、ラッパに続いては太鼓が打ち鳴らされることだろう。そしてこの教練は極めて重要なことだから、軍隊を徹底的に鍛え上げねばならない。騎兵に関しても同じように、ラッパの使用が望まれよう。もっとも、指揮官のとは違った音色で、音量の小さなものである。以上が、軍隊編制と教練について、わたしが必要と思うすべてだ。

ルイージ　ご面倒でなければ、もう一つご説明下さるようにお願いします。つまり、軽騎兵や予備軽装兵の出撃の際、あなたは声を張り上げ、けたたましく、せきたてながら彼らを導かれたのに、次に残りの全軍を投入するときは、物事がきわめて粛々と経過していくことを示して下さいましたが、これはどういう理由からなのでしょうか。わたしにはこの違いの理由が分からないものですから、できれば是非とも明らかにしていただきたいのです。

ファブリツィオ　白兵戦に突入するにあたっては、古代の指揮官たちの意見はさまざまであり、けたたましく足の運びを速めるべきか、あるいは粛々とゆっくりと行軍すべきか、分かれていた。後者の方法であれば、隊列編制を手堅く保ち、総指揮官の命令をよりよく理解するのに役立つ。前者の方なら、兵士の士気を鼓舞するのに勝っている。わたしが思うに、これら二つのいずれにも考慮を払うべきなので、一方はけたたましく、もう一方は粛々とわたしは動かしてみた。ただ、けたたましく続けることが得策だと思っているわけではない。それは命令伝達にさしつかえるし、有害この上ないからだ。ローマ人が、最初の攻撃は別として、喊声を上げ続けたというのは、道理に合うものではない。なぜかといえば、その歴史書から、総指揮官の激励の言葉によって、逃亡兵が踏みとどまった、と多々見受けられるわけで、また指揮官の号令一下で、さまざまに隊列を組み替えたのが分かるからである。もしも騒音が指揮官の声をかき消してしまえば、こうはならなかったであろう。

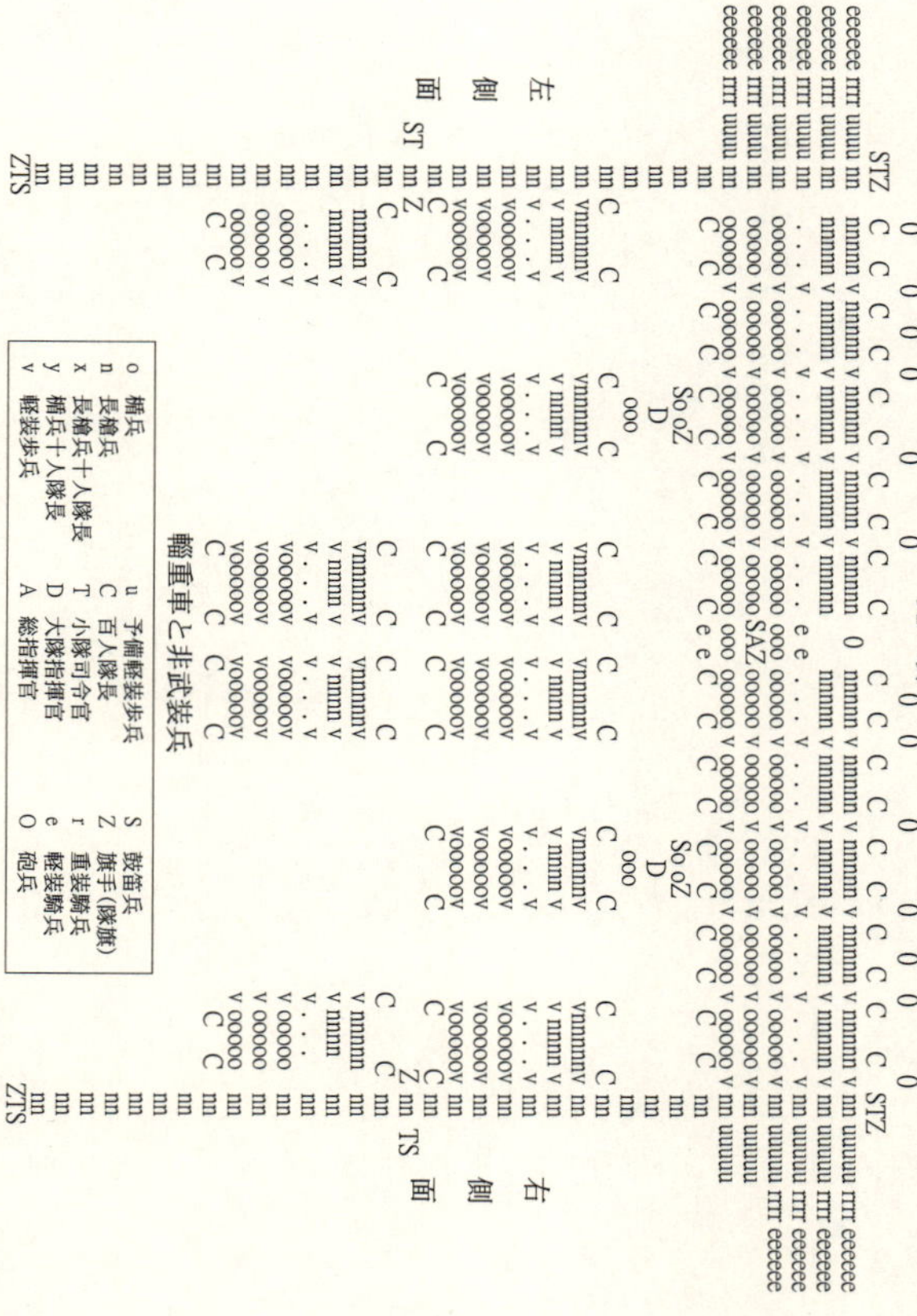

図4　敵と会戦をかまえるために編制された正規軍隊の戦闘隊形

第四巻

ルイージ　わたしの先導下で、実に誉れ高くも会戦に勝利したため、これ以上は運命《フォルトゥナ》を試さない方がよいのではと思います。彼女がいかに移り気で、不安定なものかは知っておりますから。そこで、わたしは進行役から身をひき、今度は、若い年齢順ということで、ザノービ氏がこの質問役を担っていただければ、と望みます。彼ならこの栄誉というか、この苦労を拒まないでしょう、たしかにわたしとしてはありがたく、また当然ながら、わたしよりも才たけておられるからです。彼なら、こうした勝つこともあれば負けることもある難題にとりかかるのを恐れるはずがありません。

ザノービ　ルイージ君が配置しようとする場所につくことにしますが、もっとも、わたしとて聞き役の方がうれしいのです。というのも、これまでのところ、君の質問はわたしにとってずっと満足のいくものでしたし、それに較べて、君の議論を聴きながら浮かんだわたしの疑問などは、好ましくも何ともなかったはずなのです。ところでファブリツィオ殿、われわれの儀礼的な手続きが退屈であったとすれば、どうかご容赦のほど、時間を節約して進めていただければと思います。

ファブリツィオ　むしろ、わたしとしては喜ばしいこと、と申すのも、このような質問者の交替によって、諸君の各種各様の才能や要望が、わたしに分かってくるからだ。さて、これまでの論題につけ加えるべきようなことが、何か他に残っておるだろうか。

ザノービ　他のテーマに移る前に、わたしは二点お願いしたいのです。その一つは、軍隊編制にあたって別の隊形が必要となる場合は、それを示していただくこと、いま一つは、戦闘にのぞむに先立って、指揮官はどのような用心をしておかなければならないのか、また戦闘中に何か不測の事態が発生したら、いかなる解決策をとり得るものなのかということです。

ファブリツィオ　わたしは、貴君の満足のいくよう努力してみたい。ただ貴君の質問には、個々別々に答えはしないだろう。というのも、一つの事柄に答える間に、他のことに対してもしばしば答えることになろうからだ。申し上げたように、わたしは諸君に一つの隊形を提案したが、この目的は、そこから全軍が敵勢や地形に応じた、すべての隊形をとれるようにするためであって、こういう場合、地形や敵状にしたがって進めていくものなのだ。しかし、次の点には注意されたい。すなわち、もし味方が途轍もなく勇猛かつ巨大な兵力を備えているのでなければ、軍隊の前面をいっぱいに拡げることほど危険な隊形はないのだ。だから別のやり方で、横に広くて薄っぺらいよりも、むしろ厚みがあって拡がらないようにする必要があるということだ。というわけで、味方が敵方と較べて兵力の少ない時は、次のように、別の解決策をとらねばならない。すなわち、味方の軍隊の側面を川や沼地に向けて、包囲されないように配置するか、あるいはカエサルがフランス(1)〔ガリア〕で行ったように、両側面が壕となるようにすること。こういう場合には、次の一般原則を用いる必要がある。すなわち、前面を拡げるか狭めるかは、味方と敵軍の数次第ということ、敵の兵員数が少なければ、鍛えられた兵士を存分に繰り出しながら、場所を広くとるように努めねばならない。それは、敵方を包囲できるだけでなく、自軍の陣容を展開できるようにするためである。荒蕪地や険しい場所なら、諸隊形を十分活用できないから、何の利点も生まれはしない。それゆえローマ軍は、ほとんどいつもといってよいくらい、広々とした戦場を求めて、狭隘な土地を避けてきた。もし兵員が不足していて、訓練も未熟なら、申し上げたように、逆のことをしなくてはならない。なぜなら、兵力不足を補えるか、経験不足でも痛手とはならぬか、そういう場所を探すことになるからだ。さらには、敵に楽々と攻撃を仕掛けられるよう、高台を選定せねばならない。だが、次のことは注意する必要がある。すなわち、敵軍が襲撃してきやすい山麓付近一帯には自軍を置かぬこと。というのも、この場合大砲を考えると、高台は不利になろうからだ。つまり、何の打つ手もないまま、敵の砲兵隊からは四六時中好きなように砲撃され、こちらはというと、味方の砲兵が邪魔になって、簡単には敵を攻撃できないわけだ。また軍隊を決戦に向けて整える者は、太陽や風向きを考慮し、そのどちらも味方の正面を手こずらせぬよう注意せねばならない。その理由は、両者とも視界を遮ることになるからで、太陽は眩しく、風は砂埃を巻き上げる。さらに、風は飛び道具類には不都合となり、敵に命中しづらくなってしまう。太陽については、一時的に光が顔に当たらぬように注意するだけでは十分ではなく、日中はずっと、悩まないように考えるのがよい。このため、兵士を配置するにあたっては、太陽をまっすぐ背にすること、太陽が自軍の正面に回るまでに、十分な時間がとれるようにすべきだろう。このやり方は、カンナエ[2]でのハンニバルに、またキンブリ人に対するマリウス[3]にも見られた。もし、味方の騎兵がかなり少数ならば、全軍をブドウ畑や灌木や、このたぐいの遮蔽物の間に配備すること、当今では、スペイン軍が〔自分の王国の〕チェリニョーラ[4]でフランス軍を撃破した例がそれだ。

同じ兵士でも、その編制や場所を変えただけで、敗者が勝利者となるのはよくあることだ。カルタゴ人がそうであったように、彼らはマルクス・レグルス〔・アッティリウス〕に幾度となく撃破されたものの、やがてラケダイモン〔スパルタ〕のクサンティッポスの忠告を聞き入れてからは勝利者となった。クサンティッポスがカルタゴ軍を平地におろすと、そこで、彼らは騎兵と象部隊によって、ローマ軍を打ち負かすことができた[5]。わたしが思うに、古代の実例に照らせば、ほぼすべての傑出した指揮官は、敵が小隊の一側面を固めたと見抜くと、そこに強力な部隊を当てずに、より弱い部隊で対抗させている。最強部隊の方は、もっとも弱いところに向けたのだ。そして戦闘がはじまると、味方の精鋭部隊に命じて、敵勢を喰い止めるだけでなく、反撃に出ないようにさせ、弱い部隊に対しては〔相手方に〕勝たせるだけ勝たせておいて、全軍の最後尾列に退却するように命じた。すると敵には、二つの大きな混乱が発生する。第一に、敵は自らの最強部隊が包囲されたことに気づく。第二には、敵が勝利目前と早合点するため、統制を失わずにいることはほぼなくなってしまう。そこで、敵はみるみる敗北を喫することとなる。コルネリウス・スキピオが、スペインでカルタゴの将ハスドルバルと対した時(6)のことだった。スキピオの知るところでは、自分がその軍隊を編制するにあたって配下の軍団《レギオン》を、つまり全軍の中でも最強部隊を中央に据えてくる、とハスドルバルが踏んでいることだった。だから、これに即応してハスドルバルも似たような編制で出てくるに違いない、とスキピオは考えた。そこで会戦の火ぶたが切られるや、スキピオは編制を一変して、配下の軍団《レギオン》を全軍の両翼に置き、中央部には弱い方の全兵士を据えた。やがて白兵戦になるとすぐ、中央に配置された兵士らをゆっくりと歩ませ、自軍の両翼を敏速に前進させた。こうして両軍の両翼のみが戦うことになり、中央の列隊は、彼我の間に距離があるため交戦にいたらなかった。こうして、スキピオの精鋭部隊がハスドルバルの一番ひ弱な部隊と戦うことになり、彼をうち破った。この戦法が、当時は有効であった。だが今日では大砲を考えると、使えないだろう。というのも、両軍の間の真ん中にできる空白から、敵に大砲を撃つ余裕を与えてしまうからである。これは危険きわまりないもので、前に議論したとおりだ。だから、こうした戦法はわきに放って置いて、応用するなら、先に言ったとおり、全軍こぞって攻撃を敢行し、もっとも弱体な部分は退却させることである。ある指揮官の軍勢が敵よりも上回っているのがわかり、そうとは気づかれずに敵軍を包囲しようとする場合には、敵方と等しい正面になるように全軍を並べること、そして、戦闘が始まったら、徐々に正面を後退させて、両翼を拡げていくのだ。敵の気づかぬ間に包囲することが、常に肝心となろう。ある指揮官が、一敗地にまみれそうにないはずの戦さにのぞもうとする時には、近くに安全な避難先の確保できる場所に軍隊を配置すること、沼沢地でも、山間部でも、あるいは堅固な市街地でもよい。なぜならこの場合は、自軍が敵に追跡されることはなく、敵の方が追撃されるのみだからである。この手段は、ハンニバルが用いたが、運命《フォルトゥナ》にそっぽを向かれはじめて、しかも勇猛なマルクス・マルケルス(7)を懸念した時のことだった。一部の指揮官だが、敵の隊列の攪乱を図って、軽装兵に戦闘開始の命令を下し、戦いが始まるや、彼らを〔自軍の〕隊列へと後退させた。やがて両軍がぶつかり合って、双方の先頭が戦闘状態に入ると、この前線の兵士を各小隊の脇をすり抜けて脱出させ、こうして、敵はひっかきまわされ敗れ去った。もし指揮官が騎兵の非力に気づいた時には、すでに述べたやり方に加えて、配下の騎兵隊の後ろに長槍の一小隊を置くこともできる。戦闘時には、長槍隊が出る通路を空けさせれば、いつも優位に立てるだろう。多数の指揮官は、習慣的に一部の軽装歩兵を騎兵に混ぜて戦わせているが、これは騎兵隊にとって、この上ない助けとなっていた。

会戦に向け軍隊を編制してきたすべての指揮官の中でも、いちばん賞賛されるのは、アフリカで相まみえて戦ったときのハンニバルとスキピオである(8)。それというのも、ハンニバルはカルタゴ人やさまざまな民族の援助兵からなる混成軍を率いたからだ。彼は先頭に八十頭の象部隊を押し立て、次に外国援助兵を配置し、その後に配下のカルタゴ兵を据え、最後尾にはほとんど信頼していなかったイタリア兵を置いた。このように配置したのも、外国援助兵の場合、前には敵兵がいて、後ろは配下の兵士でふさがれているとなれば、逃げようにも逃げられず、よって外国援助兵は、どうしても戦う必要に迫られるので、ローマ軍を叩くか、消耗させるかのいずれかの行動を取らせるためだった。さらにハンニバルは、新たに無傷で底力《ヴィルトゥ》のある配下の兵士を送り込めば、すでに疲労困憊したローマ軍をやすやすと打ち負かせる、と考えた。この編制に対してスキピオは、互いに吸収し合い、また互いに支援できるように、慣習に従って槍兵隊、重装歩兵隊、第三列兵隊を配置した。軍の先頭部隊には十分な間隔をとらせ、といってもそれが隙間だらけにならず、むしろ詰まっていると見えるように、空間を軽装兵で埋めた。その軽装兵への命令として、スキピオは、象部隊が肉迫してくるや否や場所を空け、いつもの通路に沿って軍団《レギオン》の間に入り込み、象部隊には道を開放したままにさせておいたのだった。こうして、象部隊の突撃は無駄となり、そこで白兵戦に移ると、スキピオが凌駕した。

ザノービ　この会戦の例を持ち出されたので、わたしは思い出したのですが、スキピオは戦闘にあたって長槍兵を重装歩兵の隊列の中に退却させずに、彼らを全軍の両翼に分散させて後退させました。それは、重装歩兵をいざ前に繰り出そうとする際に、彼らの場所を確保するためでした。だからわたしに教えていただきたいのは、どういった理由でスキピオは、通常の編制を守らなかったのでしょうか。

ファブリツィオ　申し上げげよう。ハンニバルは、全軍の精鋭《ヴィルトゥ》をあげて第二列隊に配備していた。これに対しスキピオは、同じような精鋭《ヴィルトゥ》を立ち向かわせるべく、重装歩兵隊と第三列兵隊を打って一丸とした。すると、重装歩兵隊の隙間が第三列兵隊によって占められてしまったものだから、長槍兵を吸収しうる余地はなかった。だからスキピオは、長槍兵隊を切りはなして、全軍の両翼につかせ、重装歩兵の間に後退はさせなかったのだ。だが、心に留めておいてほしいのは、第二列隊に場所を確保するために、第一列隊を散開させるこのやり方は、一方が優勢でない限り、とても使いこなせるものではない。というのも、この時はその余裕があって、スキピオがなし得たのである。しかし、劣勢で押し込められている場合なら、他でもなく敗北を白日の下にさらす結果となろう。だから、後方には吸収してくれる隊列を持つのが相応しい。

ところで、われわれの議論をもとに戻そう。古代のアジア人が使っていたのだが、敵を攻撃するために彼らが考え出した武器の中に、大鎌を両輪に備えた戦車があった。その攻撃力で、隊列を切り開いたばかりでなく、さらにその大鎌で敵兵をなぎ倒した。この突撃に対抗して、三つの手段が講じられた。すなわち、隊列の厚みを深くして敵に抵抗するか、あるいは象部隊の時のように隊列の中に取り込んでしまうか、あるいはアルケラオスに対してローマ人スッラ[9]が行ったように、なにか大胆な対抗策を工夫して編み出すかであった。アルケラオスは、鎌車と呼ばれた多数の戦車を擁していたが、これを喰い止めるためにスッラは、第一列隊の後方の地面に無数の杭を打ち込ませると、これらの杭で戦車は阻止され、その破壊力は殺《そ》がれてしまった。注目すべきは、アルケラオスに対して、スッラが全軍を編制する際に用いた新戦法だ。というのも、軽装兵と騎兵を後方に置き、全重装歩兵を前面に配置して十分な隙間を保たせ、必要が生じた時には、後方に控える兵士らを前面に送れるようにしたからである。そこで戦闘の火ぶたが切られると、通路伝いに前に出した騎兵の働きで、勝利を手にした。戦闘にあたって敵軍を攪乱しようと思えば、敵を仰天狼狽させるような手を編み出すのがよい。新たな援軍がやって来ると言いふらすとか、あるいはそれに代わるような事柄をこれ見よがしに示すことだ。すると、この見かけで欺かれた敵はぎょっとするわけで、仰天してしまえば赤子の手をねじるように打ち負かすことができる。これらの手口はローマの執政官たち、ミヌキウス・ルフス[10]とアキリウス・グラブリウス[11]が用いたものであった。カイウス・スルピキウス[12]もまた、戦争には直接役立たないラバや、ほかの動物の背に多くの非戦闘員を乗せ、あたかも重装騎兵を装うように配備したものだった。そして、彼がフランス人〔ガリア人〕とつばぜり合いの最中に、丘の上に姿を現すように命じておいた。すると勝利がころがりこんだ。マリウスはドイツ人と戦った時にも、同じような手を使った。したがって戦闘が続く間は、見せかけの攻撃でさえきわめて効果を発揮するから、実際の攻撃ならはるかに役に立つ。とりわけ戦闘のさなか、意表をついて、背後や側面から敵に対して攻撃を仕掛けられればなおさらである。とはいえ、味方が地の利を得られないと、この手はむずかしい。なぜなら、地形が開けていれば、似たような作戦行動を起こすにも、自軍の一部を潜ませておくことは不可能だからだ。一方、木立が生い茂るか山間の土地では、それこそ伏兵にはふさわしく、自軍の兵士の一部をうまく隠せるので、敵の意表をついた迅速な攻撃が可能となる。これはとりもなおさず、味方に勝利をもたらす要因となろう。戦闘の最中に、敵の指揮官が戦死したとか、あるいは味方の他部隊が勝利を収めたとか、そういう噂を流すことが、これまで何度も決定的な転機となった。このやり方は、それを用いる者にたびたび勝利をもたらした。敵の騎兵隊は、異様な姿かたちや物音で、やすやすと動転するものだ。クロイソス王は、敵の騎兵に対してラクダ隊を差し向けた。さらに王ピュロスは、ローマ軍騎兵に向かって象部隊を送ると、それを目にした騎兵隊は、動転し混乱に陥った。現代では、トルコがペルシアでソフィ朝を、シリアではソルダーノを破ったが、それは他でもなく火打石弓銃の物凄い音に

(13)(14)(15)(16)(17)

よるものだった。火打石弓銃の、この世のものとは思われぬ響きは、それらの国々の騎兵隊の心胆を震え上がらせて、トルコ軍は難なく敵を打ち負かした。スペイン軍[18]は「カルタゴの」ハミルカルの軍隊に勝利するため、牛に引かせた柴いっぱいの荷車を最前線に配備し、白兵戦となるや柴に火を放った。すると牛は火を逃れようと、ハミルカル軍の只中へ突進してそれを切り開いた。すでに述べたことだが、戦闘中に敵を欺くのはよくあることで、地形の具合がよければ、敵を伏兵の潜む場所におびき出したりするものだ。一方、地形が開けて拡がっていれば、多く「の指揮官」は穴を掘り、そこを葉の茂った小枝や土くれで軽く被って、そのいくつかの丈夫な空間は退避用に残しておいた。やがて小競り合いが始まると、味方はその空間に引きさがり、あとを追いかけてきた敵は、穴に落ちて敗れ去った。

戦闘中に、味方の兵士を愕然とさせるような突発事が起きる時は、その出来事をひた隠しにして、良いことの前兆と思わせることが、きわめて賢明だ。それはまさにトゥルス・ホスティリウス[19]や、ルキウス・スッラが用いたものだった。スッラは、戦闘中に配下の兵士の一部が敵に寝返ったのをみとめると、そのことが味方を周章狼狽させるのではと思案し、すぐに万事が順調に運んでいると全軍に徹底させた。これによって軍隊は混乱に陥らなかったばかりか、気力さえ増して勝利を手にした。スッラにはまた、次のようなことが起きている。彼はある任務のために数名の兵士を派遣したが、殺されてしまったので、味方が狼狽しないようにこう公言した。つまり、派遣された例の兵士らは信用できぬ連中だと分かったから、わざと敵中に送ったのだ、と。セルトリウス[20]は、スペインで会戦を行った時、部下の一隊長[21]の戦死を伝えに来た人物を殺してしまった。その人物が他人に口外して、それが兵士たちを仰天させることを恐れたためだ。ある軍隊が浮き足だって逃亡を図るとすれば、これを押しとどめて戦闘に再度駆りたてるのは至難のわざとなる。それには次のような区別をしてかからねばならない。すなわち、全員逃亡なら、それを元に戻すことは不可能だ。一方、逃げたのが一部というなら、何らかの策はある。多くのローマ人指揮官は、逃亡する兵士たちの前に立ちはだかって彼らを押しとどめ、逃亡の恥ずべきことを思い知らせたものだった。たとえばルキウス・スッラ[22]は、配下の軍団《レギオン》の一部がある時ミトリダテスの兵士たちに蹴散らされて逃げ腰になったので、剣を手にしてその前に立ちはだかり、次のように叫んだものだった。「もし誰かが汝等に向かって、お前たちはいずこに汝等の指揮官を置き去りにして来たのかと問えば、以下のように言うがよい。指揮官の戦っていたベオツィアに、われわれは彼を残してきた」と。執政官アッティリウス[23]は逃亡兵に対して、逃亡しなかった兵士を立ち向かわせ、もし逃亡兵が戻らなければ、友軍と敵軍の双方によって殺されよう、と納得させたのである。マケドニア王フィリッポス二世[24]は、配下の兵士がスキタイ兵を怖れていることを知ると、自軍の後尾にもっとも信頼のおける騎兵隊を配置して、彼らに逃亡する者は誰彼かまわず殺してしまうよう命じた。そうなると、兵士たちは、逃亡して死ぬよりは戦って死ぬほうがましだとばかりに、勝利を手にした。多くのローマ人指揮官は、兵士の逃亡を喰い止めるというより、さらに大きな力を発揮させようと、戦闘中に旗手たちの手から軍旗を取り上げ敵陣目がけて投げ込み、それを奪い返した強者には褒美をとらせるとした。

　わたしは的はずれとは思わないので、戦闘後にどんなことが持ち上がるかも、これまでの議論に補足しておこう。ほとんどが束の間の出来事だから、後回しにすべきではなく、この議論にも大いに適っていよう。そこでだが、会戦は負けるか勝つかのどちらかだと申し上げておく。勝ち戦さであれば、できるだけ迅速に勝利を追い求めねばならず、この場合はカエサルに学んで、ハンニバルを手本としてはならない。ハンニバルは、カンナエでローマ軍を撃破したのち動こうとしなかったため、ローマの征覇を逸してしまった。他方、カエサルは勝利を手にしても、なおその手をゆるめず、総攻撃の時以上にその勢いと激しさを増して敗北した敵を追いつめた。だが負け戦さならば、指揮官たるものは、敗戦から何か有利なことが自軍に生ずるかどうか見分けるべきで、とくに、彼に何らかの残存兵力が余っている場合にはそうである。好機は、敵が用心を欠くことから生まれ、往々にして敵は、戦勝のあとは注意散漫となり、味方に敵を制圧する機会を与えるもの、ローマのマルティウス[25]がカルタゴの軍隊を破ったのが、その好例だ。カルタゴ人は、二人のスキピオ[26]を葬り去り、その軍隊を打ち破ったので、マルティウスと共に生き残った兵士たちには、とんと気をかけなかったがために、マルティウスの攻撃を受けて敗北してしまった。この例からうかがえるのは、よもやこちらが試みるはずはないと敵が思い込んでいればいるほど、それだけ成功率は高いということだ。つまり、人間というものは、より疑念を差し挟むことが少ないほど、そこをつかれるとやられやすいわけだ。だから指揮官は、勝利を果たし得ないとしても、敗北の損害がより少なくなるように、入念に力を尽くさねばならない。このためには、敵が味方を容易に追跡できぬような手段を講じるか、あるいは追跡に手間どるような原因を与えることが必要だ。第一の場合では、幾人かの指揮官は敗色濃厚と見て取ると、配下の隊長たちにさまざまな方向に、別々の道をとって退却するように命じ、のちになって集結すべき場所を指示しておいたものだ。こういう手を打てば、敵は自分の隊が分散するのを怖れるから、相手方の全部ないしは大部分の兵士が逃れるがままとなった。第二の場合では、多くの指揮官が敵の前に自分たちの大切な品々を投げ出した。このため、敵はその掠奪に手間どって、こちらが逃走する余裕を与えることになった。ティトゥス・ディディウス[27]だが、戦闘で蒙った損害を隠すために、なかなか抜け目のない手を用いた。というのも彼は、夜中にいたるまで戦い続けて味方の多くを失ったので、夜陰に乗じて戦死者の大半を埋めさせた。翌朝になると、敵は自軍の戦死者が夥しく、ローマ軍側がかくも少ないのを目にして、我に利あらずと信じ込み、逃亡に及んだのだった。

話の順序はともかく、以上申し上げたことで、貴君の質問の大半にはお答えできたと思う。たしかに、軍の隊形に関しては諸君に言い残しているが、それは、時に指揮官によっては、正面をくさび型に編制する習慣があったということだ。つまりそうした方が、よりたやすく敵陣に割って入れると判断したわけだ。このくさび型に対抗しては、鋏型隊形が多く用いられた。鋏の間の空白に敵のくさび部分を取り込み、それを挟み囲うことで、どこからでも叩くことが可能だからだ。以上については、次の一般的な規則を諸君には心得ておいていただきたい。すなわち、敵の企みに対処する最上の解決策とは、敵が仕組んで味方がやむを得ず行うはめになるという状況に、こちらから積極的に打って出るというものだ。というのも、積極的にそれを行えば、味方は整然と事を進め、こちらに分があって敵には不利となる。もし仕方なく行うならば、あるのは味方の破滅だろう。これを確認するには、すでに述べたいくつかの事柄を、諸君に繰り返すのもはばかるまい。敵軍はこちらの隊列を分断しようとして、くさび型の隊形をとっているだろうか。もし味方が隊列を開いて進むなら、こちらが敵を混乱に陥れ、敵が味方を混乱させることはない。ハンニバルは軍隊前面に象部隊を配備して、スキピオ軍を分断させようとした。そこでスキピオは隊列を空けて進軍し、これがスキピオの勝因につながって、ハンニバル敗北[28]の原因となった。ハスドルバル[29]は、その精鋭部隊を軍隊前面の中央部に据え、スキピオ軍兵士を蹴散らそうとした。そこでスキピオは同じく中央部の兵士に自ら後退するよう命じ、そしてハスドルバル軍を破った。まさしく同じ企てでも、実際のところ受身の側ではなく、仕掛けた側の勝利となるものなのだ。

まだ言い残しているのは、わたしの記憶が正しければ、指揮官たる者は戦闘に入るに先立って、どのような注意を払わねばならないか、という点だ。諸君に申し上げるべき第一に、指揮官は戦局が有利でない限り、あるいは戦う必要がない限り、決して決戦に突入してはならない。優位さは、地形、隊形、兵員数、あるいは兵士の質から生まれる。必要性は、戦わなければどうしても敗北が目に見える時に生ずる。たとえば、軍資金が底をつき、このため味方の軍隊がまぎれもなく解体する場合、また兵糧不足に見舞われている場合、敵が新たな兵員を増強している場合である。こういう場合には、不利だとは知りつつも、常に戦いを挑まねばならない。その理由は、微笑みかけてくれるかもしれぬ運命《フォルトゥナ》を試す方が、そうせずに確実な敗北を目のあたりにするよりもずっと良いからだ。こんな時、指揮官が戦いを挑まぬというのは実に罪深い、勝利の好機があったのに、知恵が足りずに機会を取り逃したか、卑怯にもそれを見て見ぬふりをしたのと同程度なのだ。[30]優位さは時に敵側から、時に味方の指揮官の思慮深さからもたらされる。渡河する場合、抜け目ない相手にやられることが多々あった。その相手は敵方が両岸の中間に差しかかるのを待ち伏せて、彼らを攻撃した。それは、まさにカエサルがスイス〔ヘルヴェティア〕軍に行ったところのものだ。スイス軍は兵力の四分の一を、河[31]によって二つに分断されて失ってしまった。時には、敵があまりにも無闇に味方を追跡してきて、へとへとになっていることがある。となると、味方が生気にみち休養十分ならば、この好機を見逃す手はない。これに加えて、敵が早朝に戦闘を挑んでくるなら、こちらは長時間かけて宿営地からの出陣を引きのばすことだ。敵が武具をまとったまま、立ち向かってきた初めの意気込みも失せたころ、その時こそ彼らと一戦交えるのがよい。この戦法を、スペインでスキピオはハスドルバルに対して、メテルス[32]はセルトリウスに向かって用いた。両スキピオがスペインで演じたように、もし敵がその軍隊を分断したとか、あるいは何か別の理由によって戦力が落ちているなら、運を試さねばならない。思慮深い指揮官のほとんどは、むしろ敵の攻撃を待ちかまえて、自ら彼らめがけて突進して行きはしないもの。なぜかといえば、蛮勇は堅忍不抜な兵士によってやすやすと喰い止められ、いとも簡単に阻まれた蛮勇は、たちどころに怯《きょう》懦《だ》に変わってしまうのだ。こうしてマクシムス・ファビウス[33]はサムニウム人やガリア人に相対し、そして勝利を得た。一方、同僚のデキウスは、そこで戦死した。敵の力量《ヴィルトゥ》を怖れたある指揮官は、夕闇が迫る頃合いに戦闘を開始したが、それは味方が敗れても、夜陰に乗じて助かるためであった。ある指揮官は、敵軍がしかじかの時刻に戦闘行為はしないという或る種の迷信に取り憑かれているのを知り、戦闘用にくだんの時刻を選んで勝利した。こうしたことを、カエサル[34]はガリアでアリオウィストスに対して行ったし、またウェスパシアヌスはシリアでユダヤ人に向かって実行した[35]。指揮官の持つべき配慮で特別に重要なのは、信頼できて戦争に精通した、慎重な人物を周囲にそろえること、こうした面々には、たえず敵味方の兵力に関する見通しを求めるように。たとえば、兵員数はどちらが勝るか、いずれの装備が秀れているか、それも馬匹の方か、あるいは兵士の方か、また難儀に耐えるに相応しいのはいずれの軍か、歩兵と騎兵ではどちらに信頼を置くか、などである。次に考えるべきは布陣する場所で、そこが自軍よりも敵軍にとって優位なのかどうか、両軍のうちのいずれが兵糧を容易に手にできるのか、決戦は引きのばす方がよいか、敢行する方がよいか、また敵に時間を与えることが有利に働くのか、あるいは時間を奪った方がよいのか、という点だ。というのも、往々にして兵士は戦争が長びくものと見るや、うんざりして、疲労と倦怠に身の置きどころがなくなり、指揮官を見捨てるものだからだ。何よりもまず、敵の指揮官とその側近を知ることが重要となる。かの指揮官は向こう見ずの男か、それとも警戒心の強い人物か、臆病か大胆なのかを知らねばならない。外国援助兵については、どれほど信用がおけるものか調べておくこと。

とくに恐れているか、あるいはどうにも勝利のおぼつかない軍隊を、戦闘に導かぬよう注意しなければならない。なぜなら、敗北の最大の兆候は、勝利を手にできるという信念がない時なのである。だからその場合には、決戦を避けるべきであって、たとえば〔時間かせぎの〕ファビウス・マクシムスのように事を運ぶのだ。つまり彼は、堅固な場所に陣を敷き、ハンニバルに打って出る気力を与えなかった。あるいは、敵がなお堅固な場所にも攻め込んでくると憂慮される場合は、戦場を離れて自領内の各地に兵士を分散させ、敵が掃討戦にうんざりして疲れ切ってしまうようにすることだ。

ザノービ　軍隊を分散させて自領の中に置く以外に、指揮官は会戦を回避することはできないのでしょうか。

ファブリツィオ　これまでに別のところで、諸君のうちの幾人かと議論したと思うが、戦場に身を置く指揮官なら、何としてでも一戦交えたいと意気込む敵を前にして、戦闘回避などできはしない。もっとも、解決策がないわけではない。すなわち、指揮下の全軍をその敵から少なくとも五〇マイル離しておくことだ。それは、敵軍が進撃してきたとき、目の前から引き揚げる時間の余裕を残すためだ。よって、ファビウス・マクシムスはハンニバルとの会戦を決して回避したわけではなく、それを自軍に有利に運ぼうとしたのだった。ハンニバルの方は、ファビウスの陣営めがけて攻撃を仕掛けても、勝利を収められるとは想定していなかった。というのは、もしハンニバルが勝てると踏んでいたなら、ファビウスにとっては、何がなんでもハンニバルと渡り合うか、あるいは引き揚げるはめにあっていたわけである。マケドニア王フィリッポス五世はペルセウスの父であったが、彼がローマ人との戦争(36)に赴いたとき、ローマ人との会戦にのぞまぬよう、きわめて高い山の上にその陣営を敷いた。しかしローマ人は、その山にまで攻撃を挑み、彼を打ち破った。ガリア［フランス］の指揮官ウェルキンゲトリクスは、意表をついて渡河してきたカエサルとの決戦を避けるために、配下の兵士を率いて、かなり多くの距離をとった(37)。現代の話になるが、ヴェネツィア人がフランス王との会戦を望まなかったのならば、フランス軍がアッダ川を渡河するまで手をこまねかずに、ウェルキンゲトリクスの例に倣って、敵軍から距離をとっておくべきだった。ところが、ヴェネツィア軍は待機するばかりで、敵の渡河最中に決戦を挑む好機もつかめず、引き揚げることもできなかった。というのも、フランス軍はヴェネツィア軍の間近に迫っており、ヴェネツィア軍が宿営を出るや、彼らを攻撃して打ち破った[38]のである。だから何としても敵が一戦交えようとする時、決戦は不可避なのだ。これは何らファビウス［の例］と抵触しない。なぜなら、その時はファビウス、ハンニバルともども会戦を避けたからである。

しばしば起こることに、味方の兵士たちが進んで戦おうとすることがあるが、兵員数や地の利からいっても、あるいは何か別の理由からしても、不利だと判断される場合、指揮官はこのような熱情を取り去らねばならない。さらに必要によって、あるいは巡り合わせからか、会戦に赴かざるを得ない場合や、配下の兵士たちの不信が募って戦闘態勢がとれていない場合があるものだ。そうなると、一方で兵士たちをびっくり仰天させるか、他方で彼らを奮い立たせることが必要となる。最初の場合、説得したところで及ばない時は、味方の一部を敵の捕虜とする以外に最良の方法はなく、それは戦った者も、戦ったことのない者も、ともに指揮官を信頼するようにさせるためだ。ファビウス・マクシムスにとって偶然に起こったことを、工夫して見事にやってのけることは可能なはずだ。知ってのとおり、ファビウスの軍隊はハンニバル軍と戦うことを熱望していた。ファビウス軍の騎兵隊長も、同様の意欲をもっていた。ただファビウスは、一か八かの戦闘には反対だった。そこで、このような意見の不一致のため、彼は全軍を分割せねばならなかった。

ファビウスが配下の兵士を宿営地にとどめおくと、もう一方の隊長は戦闘に突入したが、とんでもない危機に陥り、もしもファビウスがその救援に赴かなかったら、壊滅していたことだろう。このような体験から、くだんの騎兵隊長はおろか、全兵士ともども、ファビウスに従うのが賢明と悟ったのだ。兵士の戦闘意欲をかき立てるにあたっては、敵の不名誉をさんざん聞かせて、敵に対する義憤を助長するのが良策である。また、内通してきた敵側の腐敗ぶりを提示することもある。敵が見える側に陣を定めて、その敵と何ほどかの軽い戦闘をやってみるのもよい。なぜかといえば、日ごろ目にする事柄は、簡単に見通せるからだ。さらには、怒りを露わに、しかも適切な演説を打って、兵士のやる気のなさを叱りつけること、自分について来る気がないなら、俺一人でも戦ってみせると言い放って彼らを恥入らせるのがよい。兵士を戦闘に執着させたいのであれば、とくに次の配慮をしなければならない。つまり、戦争が終わるまでは、私財を家に送り返すことも、どこかに預けることも一切許してはならない。これは、逃亡すれば命は助かるかもしれないが、私物は持ち出せぬことを兵士に納得させるためだ。生命に劣らず物資への愛着というものは、防衛にあたる兵士を粘り強くするのである。

ザノービ　あなたは、指揮官が言ってきかせることで、兵士を戦闘に向け変えることができると仰いました。そうなると、全軍に語りかけねばならないのか、または軍隊の隊長に対してなのか、どういうお考えなのでしょうか。

ファブリツィオ　一つのことを説得するにも思い止まらせるにも、少数の者になら、たいそう簡単なことだ。なぜなら、もし言葉だけで十分でなければ、権威とか実力を用いることができるからだ。ところが難しいのは、共通善あるいは指揮官の意見に反対の誤った考えを、大勢の者から取り払うことである。このような場合、使えるのは他でもなく言葉に限られ、すべての兵士を説得しようと思えば、全員に聞き入れられるのが相応しい。だから、人並はずれた指揮官たるものは、弁論家であらねばならず、というのも全軍に語りかける能力なしには、望ましい結果を得るのが困難だからだ。この点、現代においては全くなおざりにされている始末だ。アレクサンドロス大王の伝記(39)を読んでみると、彼がその全軍を前にして熱弁をふるい、語りかけることが、どれほど必要であったか分かるだろう。でなければ、掠奪品で埋まるほど豊かになっていながら、アラビアの砂漠からインドまで、あれほどの難儀に苦しみつつ軍隊を導いて行くことなど決してできなかっただろう。それというのも、指揮官が兵士に語りかけることができぬか、あるいはそれに慣れていないと、軍隊崩壊の危機が夥しいほど発生するからだ。それに、このような演説は恐怖心を取り除き、勇猛心に火をつけ、粘り強さを生み、偽りを見抜き、褒美を約束し、危険やそれを逃れる方法を指示し、叱りとばし、懇願し、脅かし、希望を抱かせ、賞賛し、恥入らせ、そして人間の情熱を消すにもたぎらせるにも、あらん限りのことをやってのけるものなのだ。したがって、新しい軍事制度を創設して、その軍事活動の評判を再興しようとする君主国や共和国は、指揮官の話を聴くように自国の兵士を習慣づけ、指揮官は彼らに語れるよう慣れておかねばならない。古代の兵士を戦わせる際、宗教上の厳かな誓いが大いに役立ったわけで、それが軍務につく際には兵士に課されていたものだ。なぜなら、自分たちの犯すあらゆる過ちの中でも、兵士らが怯えていたのは、単に人間から恐れられる悪事ばかりではなく、神の怒りをかう悪業であったからだ。以上の事柄は、他の宗教上のしきたりと相まって、古代の指揮官がどの仕事〔戦争〕をするにもそれを容易にしてくれた。宗教が畏れられ守られている所では、常にそうなることであろう。セルトリウスはこの方法を採り入れて、鹿と会話をしてみせた。神の使者として、鹿が勝利を約束したのである。スッラは、アポロ神殿から持ち出してきた像の神託を公言した。多くの指揮官は、夢の中に神が現れ、神が戦闘を勧告されたのだ、と称してきた。われわれの父の時代には、フランスのシャルル七世が、イギリスとの百年戦争の最中に、神から遣わされた一人の少女の忠告を伝えたものだった。この少女は「フランスの少女」(40)といたる所で呼ばれ(41)、この出来事がフランスの勝利の原因となった。さらには、スパルタのアゲシラオスのごとく、味方の兵士が敵を過大評価せぬようにすることもできよう。アゲシラオスは、幾人かの裸身のペルシア人を配下の兵士に見せつけたが、それは彼らの貧弱な体格が分かれば、ペルシア人への恐怖の原因もなくなるためであった。指揮官の中には、勝つ以外に自分を救ういかなる希望もないと兵士に言いふくめ、彼らがどうしても戦わねばならない破目に追い込む者もあった。以上の方法は、兵士をいっそう粘り強く仕立て上げるには、できる限りの最強最善の措置なのだ。こうした粘り強さは、指揮官あるいは祖国への信頼と愛情によって増大される。信頼は武装、隊形、数々の勝利の実績、指揮官の評判から生まれる。祖国への愛は生来のもの、指揮官への愛はいかなる恩恵よりもその力量《ヴィルトゥ》にかかっている。必要事は多々ありうるが、より強い縛りは、勝利か、あるいは死のどちらかなのだ。

第五巻

ファブリツィオ　わたしのこれまでの説明は、真正面に対峙する敵軍との会戦に向けて、軍隊の布陣をどのように整えるかということだった。そこでいかに勝利するかを語り、次に、会戦に付随して生ずるさまざまな偶発事とその状況について諸君に申し上げた。よって、これからお話しすべきと思うのは、誰の目にも見えぬけれども、絶えず攻撃を仕掛けてくる恐れのある敵に対して、どのような隊列隊形でのぞむかということだ。こうした事態は、敵地かそれとおぼしき地帯を進軍する場合に起こる。

まず第一に、ローマ軍は通常、行軍の偵察隊として、数隊の騎兵を常に先遣していたことを知らねばならない。次に、右翼部隊が続いた。この後ろに、それに所属する全輜重隊《しちょうたい》が従った。この輜重隊を追って、一軍団《レギオン》が進んだ。この後ろにその軍団の輜重隊が、その後ろに別の一軍団《レギオン》とその輜重隊が連なった。それら全部の後ろに、左翼部隊が所属の輜重隊を背後に引き連れて進み、最後尾には残余の騎兵隊が続いた。以上が実際のやり方で、通常こうして行軍したのだ。もし、ローマ軍が行軍中に、正面あるいは背後から攻撃されることにでもなれば、彼らはすぐさま全輜重隊を右側ないしは左側へと退避させた。それは成り行きに応じて、さもなければ地形を考えて、できるだけ都合のいい場所にである。そして、全兵士が一丸となり、荷物を置いて、敵の襲来する方角を先頭として立ち向かった。もし側面から攻撃をうければ、輜重隊を安全な方向に退避させ、その反対側を先頭とした。これはうまいやり方で思慮深く行き届いていたため、わたしとしても、土地の偵察用に軽騎兵を先遣させて、そのやり方を手本にするのが良いように思う。それから四大隊を一列で行軍させ、各隊ともその輜重隊を後尾に回すのだ。そして輜重隊には二種類、すなわち兵士一人ひとりの私物を運ぶものと、戦場での共用物を運ぶものとがあるので、共用物用の輜重隊を四つに分割して、各大隊にはそれぞれ自分たちの分を割り当てたい。さらに、砲兵隊や全非武装兵も四つに分け、武装兵全員が各隊の荷物を平等に負担するものとする。

けれども、〔敵がひそんでいるか〕疑わしい土地ばかりか、敵地を進軍する場合は四六時中、敵の来襲に脅えることが幾度となく起こってくるので、より安全に行軍するには行軍の隊形を変え、地元の人間も敵軍も、味方の無防備な点をついて攻撃してこないよう前進する必要がある。このような場合、古代の指揮官たちは方陣隊形で行軍するのが常だった。(方陣とこの隊形は呼ばれていたが、それは真四角だったわけではなく、四方に向かって戦うのに適していたからで、)行進するにも戦闘を行うにも、都合がよいとのことだった。わたしとしては、この方法をなおざりにすることなく、自分の指揮下の二大隊を編制し、それを次のように全軍の規準としたい。よって、敵地を安全に進軍し、また不意の攻撃にも全方位で応戦できるように、古代人に倣って、全軍を方陣隊形にしたいと考えている。その方陣の中空部分は、一辺が二一二ブラッチャの空間で次のように配置する〔第五巻末図5〕。まず両側面に兵を置き、一方の側から他方までを二一二ブラッチャの距離とし、五つの小隊を横向きにして縦一列に並べ、各小隊相互の間隔を三ブラッチャとする。各小隊は四〇ブラッチャ〔の長さ〕を占めるので、小隊間の三ブラッチャを勘定にいれると全部で二一二ブラッチャとなる。これら両側面隊の先頭と後尾に、別の十の小隊を配置するが、前後それぞれ五小隊ずつで、ちょうど右側の先頭部近くに四小隊を、左側の後尾近くに四小隊を置き、各小隊の間隔を三ブラッチャにとる。さらに右側の先頭のそばに一小隊を、左側の後尾のそばに一小隊を置く。側面隊の一方から他方までの空間は、二一二ブラッチャだから、縦ではなく横方向に互に並んで配置されるこれらの小隊は、小隊間の三ブラッチャを含めて一三四ブラッチャとなるようにする。すると、左翼の正面側に位置する四小隊と、右翼の正面側に位置する一小隊との間には、七八ブラッチャのスペースが残され、後尾部分の小隊においても同一のスペースが残される。スペースといっても、その違いは他でもなく、後尾部分の方が左翼側に寄っており、前方が右翼側へ寄っていることによる。先頭の七八ブラッチャのスペースには、正規軽装兵全員を配備しよう。また、後尾のスペースには予備軽装兵を置き、各スペースには千名が入ろう。さて、方陣の内側にある空間は、各方向とも二一二ブラッチャとしたいから、正面側に配置される五小隊と、後尾に置かれる五小隊は、両翼〔の縦の長さ〕分の空間に入り込むことはない。だから、後尾の五小隊は、その正面側が両翼の末端と接し、また前の五小隊は、その最終列が両翼の正面側と接することになる。すると、この方陣のそれぞれの隅には、もう一小隊を受け入れるスペースが残されることとなろう。スペースは四つあるため、予備長槍兵の四旗隊分を連れてきて、それぞれの隅に一隊ずつ置くとしよう。残る長槍兵の二旗隊は、この方陣の空間中央部に小隊と同じく矩形に並べ、その正面側には、総指揮官が配下の精鋭を率いて位置するのだ。こうして編制された諸小隊は、全員こぞって一方向へ行進するが、しかし、全員が一方向に戦うわけではないから、全軍を戦闘態勢につけるなら、別の小隊によって守られることのない両側面隊が戦えるよう、整え直さねばならない。だから、正面の五小隊は、正面以外のすべての方位の支援に回ると考えてもらいたい。よって、これらの各隊は通常の配置をとって、長槍兵を前に出す必要があるのだ。後ろに控える五小隊の方は、後尾以外の両側面隊を支援するものとし、よって長槍兵が後ろに来るように、その並び方についてはすでに〔第二巻で〕述べたところだが、各小隊を配置しなければならない。右側面の五小隊は、右外方向にかけてくまなく防備する。左側面の五小隊は、左外方向にかけてくまなく備え、したがって、諸小隊を配置するにあたって、長槍兵がいちばん外側に立つようにさせることだ。十人隊長は、前から後ろまで〔各列に〕張り付き、戦闘の際には、すべての武装兵と部隊を所定の場所につかせるが、この方法は、諸小隊の編制の仕方を論じ合った時のとおりである。砲兵に関しては、次のように分散する。すなわち、その一部を右側面の外側に置き、他の砲兵は左側面の外側とする。軽装騎兵は土地の偵察のために先遣させるとしよう。重装騎兵については、その一部を後尾の右隅に、一部を左隅に配備し、側面小隊から四〇ブラッチャ離しておく。さて全軍を配置するのにどのような方法をとるにしても、こと騎兵に関しては、次の準則に則ること、すなわち、どんな時でも、後方か両側面かに配備するのだ。騎兵隊を軍隊正面の前方に置くとするなら、次の二つのうちの一つを守らねばならない。もし撃退されても、騎兵が味方の歩兵隊とぶつかり合うのを回避できる時間がかせげるくらいに、騎兵隊は十分な距離をとって前に出しておくこと。あるいは、退却する際、騎兵が混乱を招かずに歩兵隊の中に入り込めるよう、十分な間隔をとって歩兵隊を並べること。こうした忠告を蔑《ないがし》ろにする者は滅多にいないだろう。というのも、多くの輩がそれに注意を払わなかったばかりに滅んだり、彼らと同じく混乱に陥いって敗北したからだ。輜重隊と非武装兵とは、方陣内部の広場に区分けして配置され、方陣の横方向にも正面から後尾方向にも、移動したい者が容易に通行できるようになっている。これらの諸小隊が占める空間は、砲兵と騎兵は別として、縦横どちらも端から端まで二九二ブラッチャだ。この方陣は二大隊から構成されているため、一つの大隊がどちらの部分で、もう一方がどちらを構成するか、分けておくのがよいだろう。大隊は番号で呼ばれ、そのいずれもが、ご存じのとおり、十小隊と一人の指揮官を有しているので、私としては、第一大隊から初めの五小隊を正面に、残りの五小隊は左側面に配し、指揮官は正面左の内角に位置させよう。次に第二大隊から初めの五小隊を右側面に、残りの五小隊を後尾に据え、指揮官は右側の内角に配置するが、その指揮官は案内役の仕事を為すことになろう。

こうやって方陣が編制されたのちには、動かすことが必要で、行軍にあたっては、この隊形をいつも遵守すること、疑うべくもなく当軍隊は地元民がどんな叛乱を起こそうとも安全となる。地元民の急襲への対策なら、指揮官は他でもなく、その叛徒らを撃退してくれるわずかの騎兵や軽装兵隊に対して、時々褒美を与えるだけで事足りる。これらの叛徒が指揮官を狙って剣や槍を投げ込んでくるなど、決して起こるものではない。なぜなら、無秩序な輩は、方陣隊形に恐れをなすからだ。いつものことながら、叫喚や騒音をまき散らして大げさに攻め立てるものの、指揮官に近づくことすらなく、一匹のマスティフ犬のまわりを吠えたてる小犬のようなもの。ハンニバルだが、イタリアのローマ軍を叩きに襲来したとき、全フランス〔ガリア〕を通過したものの、ガリア人の叛徒など彼はほとんど問題にしなかった。行軍しようとすれば、前もって偵察工兵を先遣し彼らに進路を整えさせること、工兵らの方は偵察する前に派遣される騎兵隊によって守られよう。軍隊は、この隊形のまま一日かけて一〇マイルを行軍し、太陽が十分に高いうちに、宿営や食事の用意をする。というのは、通常なら一軍隊は二〇マイルも行軍するからだ。とある正規軍に攻撃される事態となるにしても、この場合の攻撃は突然起こることではない。というのも、正規軍というものはこちらと同じ歩調で向かってくるわけで、だから味方には会戦用に再編する時間があり、会戦隊形にもっていくか、あるいは今しがた示した方陣隊形風にするゆとりもある〔第五巻末図6〕。それに、前方から攻撃を受けたところで、やることといえば、両側面の砲兵隊と後尾の騎兵隊を前に出して、これまでに言われている距離をとって所定の位置につかせる以外は何もないのだ。前列の〔正規〕軽装兵一千は、その持ち場から出て、五百人ずつに分かれながら、騎兵と〔正面の〕全小隊の両角との間に入り込む。次に、軽装兵が出たあとの空白には、方陣の広場中央に配置した予備長槍兵の二旗隊分が入る。後尾に置いた〔予備〕軽装兵一千は、その場所から離れて、分かれながら諸小隊の両側面に沿って進み、そこの守りを補強する。彼らが去ったあとの空白から、全輜重隊と非武装兵が外に出て、諸小隊の最後尾にまわるのだ。したがって、広場が空になり各隊が所定の位置につくや、方陣の後尾に私が置いた五小隊は、両側面に挟まれた空白地帯を前進して、正面の諸小隊に向かって歩み出る。三小隊は、正面隊に四〇ブラッチャのところまで接近し、互いに等間隔をとって並ぶ。二小隊は、後方にもう四〇ブラッチャ離れてとどまる。こうした隊形は、一瞬のうちに編制できるというもの、以前にわれわれが示した最初の隊列配置にほぼ近いものになる。正面が立てこんでいるにせよ、両側面はより膨らんだ形になっている。それで軍隊の弱体化を招くことはない。だが後尾の五小隊は、以前に申し上げた理由から、後列に長槍兵を擁しているので、正面隊を支援しようと思えば、長槍兵を前列に移動させる必要がある。よって、ひとかたまりとして小隊ごとに向きを変えさせるか、あるいは、即座に長槍兵を楯兵の隊列間に繰り込ませて、前方に導くかである。後者の方法は、向きを変えさせるよりもずっと手早く、混乱が少ない。後方に残る小隊は、すべてこうやって移動させねばならないが、あらゆる種類の攻撃に対しては、次のようになるだろう。もし敵が後方から襲って来るとすると、まず第一に、各自の顔を、背の方に向け変えさせる必要がある。すぐさま、全軍はその先頭が後尾に、後尾が先頭に入れ替わる。次に、わたしがすでに申し上げている軍隊正面の整え方をそっくり守ること。もし敵が右側面を攻撃してくるなら、その敵軍に対して、全兵士の顔を向かい合わせねばならない。そして前の説明とまったく同様に、先頭を補強すること。つまり騎兵、軽装兵、砲兵は右側面が先頭となる場合に見合った配置につく。ただそこには以下のような相違がある。兵士らが方向転換してその正面を変える際には、あまり移動しない者と、うんと動く者とが出てこざるを得ない。たしかにそうなのだが、右側面を先頭にすると、全軍の両角と騎兵隊との間に入る予定の軽装兵は、左側面により近い方の軽装兵が入ればよい。そこの場所には、真ん中に置かれた予備長槍兵の二旗隊が入り込もう。しかし、彼らがそこに入る前に、輜重隊と非武装兵はその隙間を通って広場から撤収し、左側面後方に控えるように。その場合、この左側面が全軍の後尾となろう。基本編制では後尾に置かれていたもう一方の軽装兵は、この場合、移動しない。それは彼らの場所が、空白のままにならぬようにするためで、この後尾側が側面となるわけだ。その他すべての事柄は、最初の正面〔の整え方〕のところで言ったとおりに実行されねばならない。以上が右側面を先頭にするにあたって申し上げてきたことだが、左側面の場合とて同じこと、同様の順序が守られねばならない。万が一、敵の大軍団が陣容を整えて二方面から襲来する場合には、敵が攻撃を仕掛けてくるその二方向を、攻撃にさらされていない二つの部隊で補強せねばならない。その際、二方向それぞれ隊列を二重にして、両方に砲兵、軽装兵、騎兵を分けるのだ。もし三方ないしは四方から襲撃を受けるなら、必然的に自軍か、あるいは、敵軍の思慮が欠けていることになる。なぜなら、こちらが賢明であれば、敵の大編制軍が三方ないし四方から攻撃してくるような場所に、自軍を置くことなど決してないからだ。それに、敵が確実に我が軍を叩こうとするのであれば、こちらの全軍に匹敵する大兵力で、あらゆる方角から攻撃できるほどの巨大軍ということになってしまう。もしこちらの思慮が足りなくて、敵地に身を置き、相手が自軍の三倍もの編制軍となれば、まずい結果に出くわそうと、もう己を悔やむ以外にはない。指揮官の罪ではなく、何かの不運で不首尾にいたった場合は、損害とはなろうが恥にはあたらない。それは、スペインにおける両スキピオや、イタリアにおけるハスドルバルと同じことだろう。他方、敵勢が味方とそれほど変わらず、敵がこちらを攪乱させようと多方面から攻めてくるなら、敵にとっては愚行であり、味方にとっては幸運であろう。というのも、こんなことをやれば、自分の首をしめるようなもので、味方が楽々と一部隊を撃破し、他では持ちこたえて、短時間のうちに敵軍を壊滅させてしまうからだ。

以上の軍隊編制が、目には見えぬけれども脅威となる敵に対して必須となる。とくに役立つのは、味方の全兵士を配置につけ、先の隊列を組んで行進するのに慣れさせることだ。また行進しながら、最初の正面に対応した戦闘態勢に移り、そして行軍隊形に戻ること。そこから、後尾を先頭に、次に側面を先頭に変え、最後に最初の方陣に戻す。こうした訓練や習慣の積み重ねが、練達で実戦向きの軍隊を望むなら、必要なことなのだ。これらの事柄にこそ、指揮官や君主方は努力を重ねなければならない。軍事上の規律とは、他でもなく、こうしたことをきちんと命令し、実行できるということである。また、秩序立った軍隊とは、このような隊列編制に精通した軍隊のことをいうのだ。現代において、同様の規律を上手に施せる者が打ち負かされることなど、決してあり得ないだろう。わたしが諸君に明らかにしたこの方陣隊形は、少なからず難しいとしても、その困難さがあるから、訓練を通じて我がものとするのである。なぜなら、隊列編制とその中での位置取りに習熟すれば、次には困難を覚えるよりも、いろいろな隊形に楽々と順応していけるのだ。

ザノービ　仰せのとおり、これらの隊列編制はとても必要なものだと思います。わたしとしては、それに付け加えることも取り除くこともありません。事実、わたしが貴兄から知りたいと望んでいたのは、次の二つの事です。その一つは、もし貴兄が後尾か側面を正面に仕立てて、全軍の方向転換を望むときには、これを肉声で命ずるのでしょうか、あるいは鳴り物をお使いになるのでしょうか。もう一つは、軍隊の通行路を確保するために先遣される工兵らは、麾下の諸小隊所属の兵士なのか、あるいはその任務につく別の援助軍兵士なのでしょうか。

ファブリツィオ　第一の質問はきわめて重要だ。というのは、指揮官の命令がうまく理解されなかったり、間違って解釈されたりして、その軍隊を混乱させたことが数知れずあったからだ。だから危急の際の肉声の命令は、明瞭で正確でなければならない。鳴り物で命令する場合は、一つの音調と別のものとを聞き間違えないように、互いの調子を大きく変えておく必要がある。また、肉声で命令を下すのなら、一般的な用語を避けて、特殊な言葉を用いるように、また特殊な用語にしても、間違って解釈される用語は避けねばならない。たびたびだが、「後ろに、後ろに」という言葉は、ある軍隊を破滅させたことがあった(1)。だから、この用語は避けること。その用語にかえて、「退却」という表現を用いねばならない。もし諸君が、側面を正面に、あるいは後尾を正面とするのに、全軍の向きを変えたいのであれば、「方向転換」と決して使ってはならず、「左向け、右向け、後ろ向け、前向け」と言うことだ。他の用語もすべて、次のように単純かつ正確でなければならない。たとえば「追え、応戦、前進、戻れ」である。肉声で伝えられることは全部、言葉を使うように。そのほかの場合には、鳴り物を用いることだ。

貴君の二番目の質問である先遣隊については、この仕事をわたしの直属の兵に任せたい。古代の軍隊でもそうであったし、それにまた軍隊の非武装兵や工兵を少なくしたいためなのだ。各小隊から必要な兵員数を抜き出し、彼らには先遣用の道具を持たせ、武器の方は、彼らの近くの隊列に手渡させて、代わりにその武器を運ばせる。そして敵が近づけば、再び彼らは武器を手に取り、自分の隊列に戻ることとなろう。

ザノービ　先遣隊の用具ですが、誰がそれらを運ぶのでしょうか。

ファブリツィオ　輜重兵たちだ。この種の用具を運ぶために任命される。

ザノービ　貴兄はこうした土木作業兵を、一切引き連れておられないのではないかと思うのですけれども。

ファブリツィオ　すべてその件は、しかるべきところで議論するとしよう。今は、この問題を棚上げにして、軍隊の生活様式について論じたい。というのも、隊もたいへん疲れてきたので、気分転換をはかり、食事で英気を取り戻す頃合いと思われるからだ。諸君に理解していただきたいのは、君主たる者はできるかぎり自分の軍隊が身軽になるように編制し、重荷となったり作戦に支障を来すようなものは、何でも取り除かねばならないということだ。なかでも手を焼くのは、ワインと焼き上げたパンを軍隊に補給すべきかという問題だ。古代人は、ワインについては配慮外だった。というのは、もしワインがなければ、彼らは風味付けに少量の酢で色をつけた水を飲んだものだ。それゆえ、軍隊の携行食糧の中に酢はあったが、ワインは含まれていなかった。市民が普段していたような竈でパンを焼き上げることもなく、ただ小麦粉を常備していた。小麦粉の使い方は各兵士それぞれで、ラードや脂身で調味しながら満足した。ラードや脂身は兵士のこねるパンに風味を添え、彼らの活力も維持された。こういう次第で、軍隊の携行食糧は小麦粉、酢、ラード、脂身であり、馬匹には大麦だった。ローマ軍は通常、大小の動物集団を引き連れていた。その家畜の群れは運搬に手間がかからぬため、さして重荷とはならなかった。この軍隊編制のおかげで、古代の軍隊は糧秣調達の不如意に苦しまずに、ひと気もなく荒涼とした土地をたびたび何日間も行軍できた。それというのも、簡単に引き連れていける家畜の群れから食料を得てしのいだわけである。だが現代の軍隊では、これと逆のことが起こっている。今日の兵士にはワインは不可欠であり、家庭にいる時のように焼き上げたパンを食べたがる。ところがパンは、長期間にわたって貯蔵がきかないので、兵士たちはしばしば空腹にさらされ、あるいはたとえ供給されるとしても、それにはとてつもない手間と費用がかさむ。したがって、わたしなら我が軍隊をこうした生活様式から引き戻して、パンなら兵士らが自分で焼いたものだけに限って食べさせるようにしたいものだ。ワインについては、それを飲むのも軍隊に持ち込むことも禁じはしないが、苦労してまでワインを必ず手に入れようとはすまい。その他の携行品については、古代人に全面的に準ずるものとしよう。以上のことをよく考えていただければ、軍隊や指揮官から、どれほどの厄介ごとが取り去れるか、どれほどの骨折りや難儀が帳消しとなるか、またいかなる事業〔戦争〕を為すのであれ、どれほど都合がよいかも分かってもらえるだろう。

ザノービ　われわれは野戦で敵軍に勝利し、さらに敵の国土を行軍してきました。当然のことながら、戦利品を獲得し、領土を奪い、捕虜がいることになります。そこでわたしは、古代人がこうした事柄をどのように管理したのか知りたいものです。

ファブリツィオ　それでは、諸君の満足のいくようにしよう。諸君も考えたことがあるのではないかと思うが、別の機会に諸君のうちの幾人かと議論したように、現代の戦争は勝利者である君侯たちも敗者側も、等しく貧乏にしてしまうということだ。というのも、一方が国を失えば、他方はその金銭と家財を無にしてしまうからだ。昔はそうではなく、戦争の勝利者が富んだものだった。こうなるのも、当代では戦利品に対する配慮が払われていないことから生じている。古代に行われていたことが、今では兵士らの好きずきにすべて委ねられる始末だ。このやり方は、二つの非常に大きな混乱を生む。その一つは、すでに述べたところだ。第二のものは、兵士たちが掠奪にますます貪欲になり、規律遵守が希薄になることだ。多くの場合そうなるように、戦利品への貪欲ぶりが、勝利者側を細らせてしまう。そこで戦利品の取り扱いにおける第一人者であったローマ人は、あれやこれやの不都合に備えて、全戦利品が国庫に帰属すべきことを命じて、のちに共和国が自発的にそれを分配するものとしていた。だから、軍隊の中には行政官がいて、彼らがわれわれの言う国庫管理者であった。この役人の下にすべての賠償金や戦利品が集められ、それらを執政官が分配して、兵士に対する通常の俸給支払い、負傷者や病人への手当、また軍のその他の必要経費にあてたのだ。たしかにしばしばやっていたことだが、執政官は兵士たちに戦利品を分け与えることもできた。だが、分け前をめぐって、混乱が生ずることはなかった。なぜなら、隊列から解放されると、その兵士らの真ん中には全戦利品が積まれ、各兵士の位階順に一人ずつ配分されたからだ。この方法は、兵士に勝利を求めさせ、略奪に向かわせはしなかった。そして、ローマ軍団《レギオン》は敵を打ち破っても、追撃はさせなかった。というのは、彼らの隊列を崩さぬためだ。追撃したのは、ただ軽装騎兵と、いたとすれば別の援助軍の兵士であった。もし戦利品が、それを手に入れた者の所有になっていたなら、軍団《レギオン》を統率するなど不可能で道理にも合わず、幾多の危険をもたらしたはずだ。こういうわけで国庫は豊かになっていき、どの執政官もが凱旋とともに、国庫に莫大な財貨をもたらした。それはすべて賠償金や戦利品であったのだ。

また別のことを、古代人は考え抜いて行っていた。すなわち、各兵士に支払われる俸給だが、その三分の一(2)は、所属の小隊旗を運ぶ旗手の手元に預けるようにさせたのだ。旗手は戦争が終わらない限り、その金を決して本人に返さぬことになっていた。こうしたのは次の二つの理由による。その第一は、兵士が自分の給料を蓄え置けるためであり、というのも、兵士の大部分は若くてお構いなしだから、手にすればするだけ、必要もないのに浪費してしまうから。第二には、兵士たちは自分の財貨が旗手のそばにあることを知っているので、どうしてもそこに注意が向き、隊旗をますます死守するというわけである。この方法は、兵士たちを倹約家で勇猛にしたものだった。以上のすべての事柄は、軍隊制度をその目的に導くには、遵守する必要がある。

ザノービ　ある軍隊が、いろいろな場所を次々と行軍する間には、突発的な危険に遭遇しないわけにはいかないと思うのです。そうした危険を避けたいなら、指揮官の努力と兵士たちの力量《ヴィルトウ》が必要となるでしょうから、私は是非とも貴兄から、何か起こるとすればどういったことか、お話し願いたいのです。

ファブリツィオ　わたしは喜んで貴君にお答えしよう。これは必要不可欠なことだから、訓練のために完璧に押さえておきたいところだ。指揮官は、他の何事にもまして、軍隊を率いての行軍中は、伏兵に用心せねばならない。その罠にはまるにも二通りあって、味方が行軍のさなかに罠にかかってしまうか、あるいは敵の策略で、まんまと罠に引きずり込まれるか、だ。第一の場合の対策としては、偵察兵を先に二人ずつ二回送って、実地検分しておく必要がある。その土地が伏兵に適していればいるほど、さらなる細心の注意を払わねばならない。たとえば、森林地帯や起伏の多い地形がそれで、いつも林の中か、あるいは丘陵地の背後に敵は身を潜ませるものであるからだ。伏兵はこれを予知しなければ、味方の敗北であり、予知すれば、やられはしない。鳥や砂埃が、敵軍を知らせることがたびたびあった。これは、敵が向かってくるときは常に、大きな砂埃が立って敵の襲来を知らせるのだろう。同じく多くの場合、ある指揮官は、通過しなければならぬ地点で鳩が舞い上ったり、別の群れをなして飛ぶ鳥が旋回したまま止まらないのを見て取ると、それで伏兵の存在を知って、偵察兵をまず送り出した。そして敵に気づけば自らを守り、敵を迎え撃ったのである。敵の罠に引きずり込まれる第二の場合については、現代の傭兵隊長らは、それを「網にかかる」と呼んでいるが、まわりの様子がどうにも理屈に合わなければ、容易に信じ込んでしまわぬよう気をつけることだ。たとえば、仮に敵が戦利品を置きざりにしたら、それは何かの餌ではないか、そこには企みが隠されているのではないか、と考えなければならない。もし大勢の敵が味方の少数の兵士に蹴散らされたり、少数の敵が味方の大軍に攻撃をしかけたり、敵が急に逃げ出してそれが腑に落ちぬなら、そんな場合にはいつでも企みではないか、と心してかからねばならない。そして敵が取り乱して何もできないなどとは、夢にも信じてはならない。それどころか、罠にかからぬように、危険を減らしたいのであれば、敵が弱腰で注意散漫であればあるほど、それだけいっそう敵を警戒することだ。このためには、二つの異なった手立てを用いなければならない。敵を用心するにも、頭を使って隊列編制を整え、一方、言葉や他に身ぶり手ぶりを使ってありありと、敵が軽蔑に値することを示すのだ。というのも、このあとのやり方というのは、味方の兵士たちに勝利への希望をかき立てさせ、先のやり方は、味方をより慎重に欺されにくくさせるからだ。

敵地を行軍するときには、会戦中よりも、さらに大きな危険と背中合わせなのだと知る必要がある。だから、指揮官は行軍の際、神経を二倍にも研ぎ澄まさねばならない。第一にすべき事柄は、行軍するすべての土地の記録や地図を持参すること。土地ごとに、地勢、人口、距離、通路、山々、河川、沼地、そしてあらゆる特徴を把握するのだ。そして、努めてこれを知るには、土地に通じたさまざまな人物を、いろいろな方法で自分の下に集めて、彼らに注意深く問い質し、彼らの見解を照合して、そこから注意点を引き出すことだ。騎兵を先遣させるにも、それと一緒に思慮深い隊長たちを送り出すこと、これは敵兵を発見するためだけではなく、土地を調査するためでもあり、指揮官がすでに得た土地の全体像や情報と、一致するものかどうか検討するのである。さらに、斥候兵を送る時は、褒美の可能性もあれば、刑罰の恐怖もあることを言い含めて派遣すること。とりわけ指揮官が全軍をどう導こうとしているかは、味方ですら分からぬようにしておかねばならない。その理由は、戦争においてより有効となるのは、遂行すべき事柄を黙っていることだからだ。それと、奇襲を受けても味方の兵士が取り乱すことのないよう、彼らには武器を手に即座の準備〔が大切なこと〕を分からせておくこと。予期していれば害が少ないものだからである。多くの指揮官は行軍中の混乱を避けるにあたって、隊旗の下に輜重兵と非武装兵を集め、各隊旗に従うよう命令してきた。これは、行軍中に停止したり退却したりする際、より容易にそれができるようにだ。こうするのがいかに有効か、わたしが十分保証する。また行軍中には、軍隊の一部が他と離ればなれにならないように、あるいは、一方が足早で他方がゆっくり進んだりと、軍隊の厚みをなくさぬよう注意を怠ってはならない、こうしたことが混乱の原因になるといってよいからだ。だから、歩調を一定に保つべく脇に隊長らを配置して、はやりすぎは抑え、遅ければせかせることが必要である。この歩調だが、鳴り物を使う以外、うまく調子をとる方法がない。通路については、常に、少なくとも一小隊が隊列を組んで進めるほどに、幅をとっておかねばならない。指揮官は、敵の習慣や性質を考えに入れておくこと。攻撃してくるにも、それが朝方なのか、真昼なのか、夕刻に多いのか、また敵軍は歩兵がより強力なのか、騎兵なのか、こうした判断に従って隊列隊形を整えるのだ。

ところで、少し特殊な事件を挙げてみよう。幾度か起きることだが、自軍の方が劣勢と判断して敵前から引き揚げる時、当然こちらから決戦に出るつもりはないが、敵が背後から迫ってきて、前方が川岸といった場合だ。渡河する時間もなく、敵はまさに迫り来り、襲いかかる寸前である。こうした危険にさらされたある指揮官は、追っ手から自軍を取り囲むように溝を掘り、その溝が柴でいっぱいになると、そこに火を放った。そして、敵に妨げられることなく全軍を率いて河を渡った。燃えさかる炎で、敵は行く手をはばまれたのだ。

ザノービ　このような炎が敵勢を止めると信じるのは、むずかしいような気がします。なかでもわたしは、カルタゴ人ハンノン(3)のことを耳にした記憶があるからです。敵軍に包囲されたとき、ハンノンは脱出しようと思う方へ木材を積んで、それに火を放った。ところが、敵はその方向に燃えさかる火をものともせず、炎と煙から身を守るために一人ずつ顔に楯をあてさせ、配下の兵士に炎の上を渡らせたのです。

ファブリツィオ　貴君が言われるのはよくわかる。だが、わたしが言ったことと、ハンノンがやったことを考えてみたまえ。というのも、わたしが言ったのは、溝を掘ってそこに柴を詰め込んだのだ。こうなると、通過しようとする者は、溝と炎と格闘しなければならなかった。ハンノンは溝を掘らずに、火を放った。なぜなら、そこを通り抜けたかったからで、炎が烈しく燃え上がってはまずかったのだ。溝がなくとも、脱出するのは難儀なことであったろう。諸君はご存じではなかろうか、スパルタ王ナビス(4)だが、ローマ軍によってスパルタの地で包囲された時、自分の市街地の一部に火を放ち、すでに市内に侵入していたローマ兵の歩みを妨害しようとした。その炎のおかげで、ナビスはローマ軍の侵攻を阻止したばかりか、市民をも市外にはき出すことになってしまった。

さて、われわれの本題にたち戻ることにしよう。ローマ人クウィントゥス・ルタティウス(5)がキンブリ族に追われてある川に到達した際、敵側はルタティウスに川を渡らせる余裕を与えたので、彼は敵にも時間を与えて一戦交えるものと見せかけた。だから、その場所に宿営するふりをし、穴を掘らせていくつかの天幕の支柱も立てさせ、いくばくかの騎兵を掠奪用に戦場に送り出した。すると、キンブリ族はルタティウスが宿営を張るものと信じ込んでしまい、彼らもまた野営を始め、食料補給のために多くの隊に分散した。それに気づくと、ルタティウスは抜け目なく、キンブリ族による何の妨害も受けずに渡河した。ある指揮官は、橋の架かっていない川を渡るために、川の流れを変えて背後に支流を引いた。じきに本流の水かさが下がると、事もなげに渡って行った。河川が急流の場合、歩兵をより安全に渡河させたいなら、強力な重装騎兵を上流に浸からせて水の流れを弱め、そして下流には別の重装騎兵を入れることで、河を渡る際に歩兵が何人か押し流されても、救えるものである。さらに、歩いては渡れない河では、橋を架けたり、小舟を使ったり、ワインの皮袋を利用して渡っている。よって軍隊には、こうしたすべての事柄が可能な資材や人材を備えるのがよい。渡河中は、時に反対岸から敵がこちらの行く手を阻みに向かってくるものだ。このような難局を乗り越えたいと思えば、カエサル(6)の先例ほど倣うに勝るものはない。彼が自軍を率いてフランス〔ガリア〕のある河岸にたどり着くと、渡ろうにも対岸に配下の兵士を配備していたガリア人ウェルキンゲトリクスに阻まれることとなった。カエサルは、川に沿って何日間も行軍すると、敵側も同じことをやった。そこでカエサルは、木立が多く兵士を潜ませるのに程よい場所に宿営を張ると、各軍団《レギオン》から三個中隊《コオルテ》(7)を選び出し、彼らにはその場所に留まり、カエサルが出発したらすぐにも橋を架けてそれを補強するよう命じ、こうしてカエサルは残りの兵士団を率いて行軍に出た。そこでウェルキンゲトリクスは、軍団《レギオン》の数をうち眺め、後には残留部隊はないものと信じ込んで、彼もまた行軍を続けた。かたや、カエサルは、橋が完成した頃と信じてとって返すと、万事整っていたので、難なく渡河したのであった。

ザノービ　貴兄は、浅瀬だと判断する何らかの規準をご存じですか。

ファブリツィオ　もちろん、知っている。いつでも川は、一部で澱んでいる水と、流れている水との間に、よく眺めてみると筋をなすところがあって、そこは深い方ではなく、他の箇所に比べれば歩いて渡るのに適した場所となっている。そういう場所では、必ず川が多量の岩石片や鉱物片を沈澱させており、他よりも多くの岩屑を水中に含んでいるのだ。これは、多々体験されてきたことであって、たしかに真実だ。

ザノービ　もしも川が浅瀬を深くえぐっていて、騎馬が足をとられるようなことにでもなれば、どう対処なさいますか。

ファブリツィオ　木片で粗朶《そだ》束をつくり、川の底に沈め、その上を通すのだ。ところで、われわれの議論を続けるとしよう。仮にある指揮官が、自分の軍隊を導いて二つの山の間に入り込み、そこから脱出するには、前に進むか後ろに下がるか、二つの方向しかなく、しかも前も後ろも敵軍に占拠されているとした場合、その対策としては、以前に誰かが行った次の手段で逃れるしかない。すなわち、道の後方に巨大で通行困難な溝を掘り、それで敵を封じていることを示して、後ろは心配せず全力を傾けて前方に開けた道を突き破るぞ、と見せかけたのである。敵はそれを信じ込んでしまい、開いた方に勢力を固めて、〔溝で〕封鎖された側を放棄してしまった。するとその指揮官は、このためにと用意した木の橋を溝に架けるや、そこから何の障害もなく橋を渡り、敵の手から自由になった。ローマの執政官ルキウス・ミヌティウス(8)は、軍隊を率いてリグリアに赴いたが、敵によって山間に閉じ込められ、そこから脱出できなかった。それゆえ彼は、それを、つまり自軍に擁していたヌミディア騎兵を、敵の守備隊のいるところへ送り出した。ヌミディア騎兵ときたら装備は貧弱、乗っている馬も小ぶりで痩せこけていた。敵はヌミディア騎兵が目に入るや、守備隊を集めて進路を遮らせた。しかし、その騎兵の隊列がガタガタで、敵からすれば馬の扱いもお粗末と見て取ると、敵は彼らをみくびって、守備隊をほどいてしまった。ことの次第にヌミディア騎兵が気づくと、彼らは馬に拍車を加え、猛然と馬を駆って、敵兵が何の対抗処置を取るいとまもなく突破した。突破したヌミディア騎兵は、敵地を荒しまわって略奪を働いたので、敵はルキウス軍に通路を開けねばならなかった。ある指揮官は、敵の大軍に攻め込まれていることを知って、自軍を密集させ、敵にぐるりを包囲させるようにした。やがて敵の一番もろい部分と認めた方向に突破をかけ、そこを通って活路を見出し、自軍を救った。マルクス・アントニウス(9)が、パルティア軍を前にして、陣営から出ては戻る行進をしていた時のこと、彼が気づいたのは、夜が白みかけるころに動き出すと、敵は毎日攻撃を加えてきて、行進中ずっと邪魔をしてくるということだった。そこでアントニウスは、正午前には出発しないよう心に決めた。するとパルティア軍は、その日はアントニウスが宿営地をたたまないものと判断して、自分たちの陣営に引き揚げた。そこでマルクス・アントニウスは、何の妨害も受けずに、陽の残る間中、行進を続けることができた。同じくマルクス・アントニウスは、パルティア人の矢の雨を避けるため、配下の兵士に命じて、パルティア人が自分たちに迫ってくる時は、膝をついて姿勢を低くさせた。そして、各小隊の第二列目は第一列目の頭に楯を差しかけ、第三列目が第二列目に、第四列目が第三列目に、こうして順々に行わせた。すると全軍はあたかも一つの屋根の下に入っているかのごとく、敵の矢の雨から守られた。

以上が、行軍中の軍隊に起り得ることで、わたしが諸君に申し述べようと思ったすべてだ。だから、諸君に他のことが思い浮かばないなら、わたしはもう一つの分野に話を移すことにしよう。

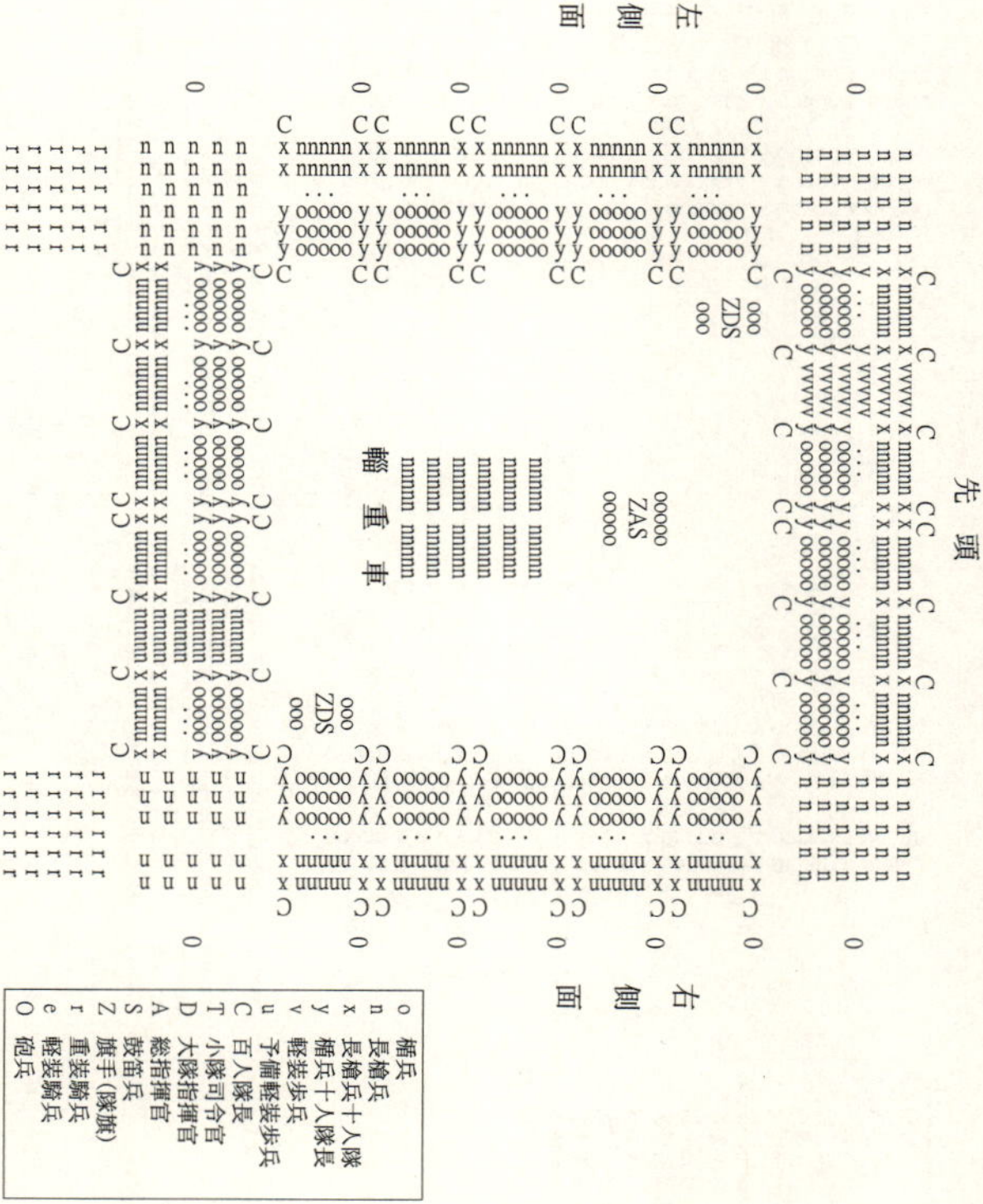
先頭
左側面
右側面
ZDS
ZAS
輜重車
o 楯兵
n 長槍兵
x 長槍兵十人隊
y 楯兵十人隊長
v 軽装歩兵
u 予備軽装歩兵
C 百人隊長
T 小隊司令官
D 大隊指揮官
A 総指揮官
S 鼓笛兵
Z 旗手(隊旗)
r 重装騎兵
e 軽装騎兵
O 砲兵

図5　方陣隊形

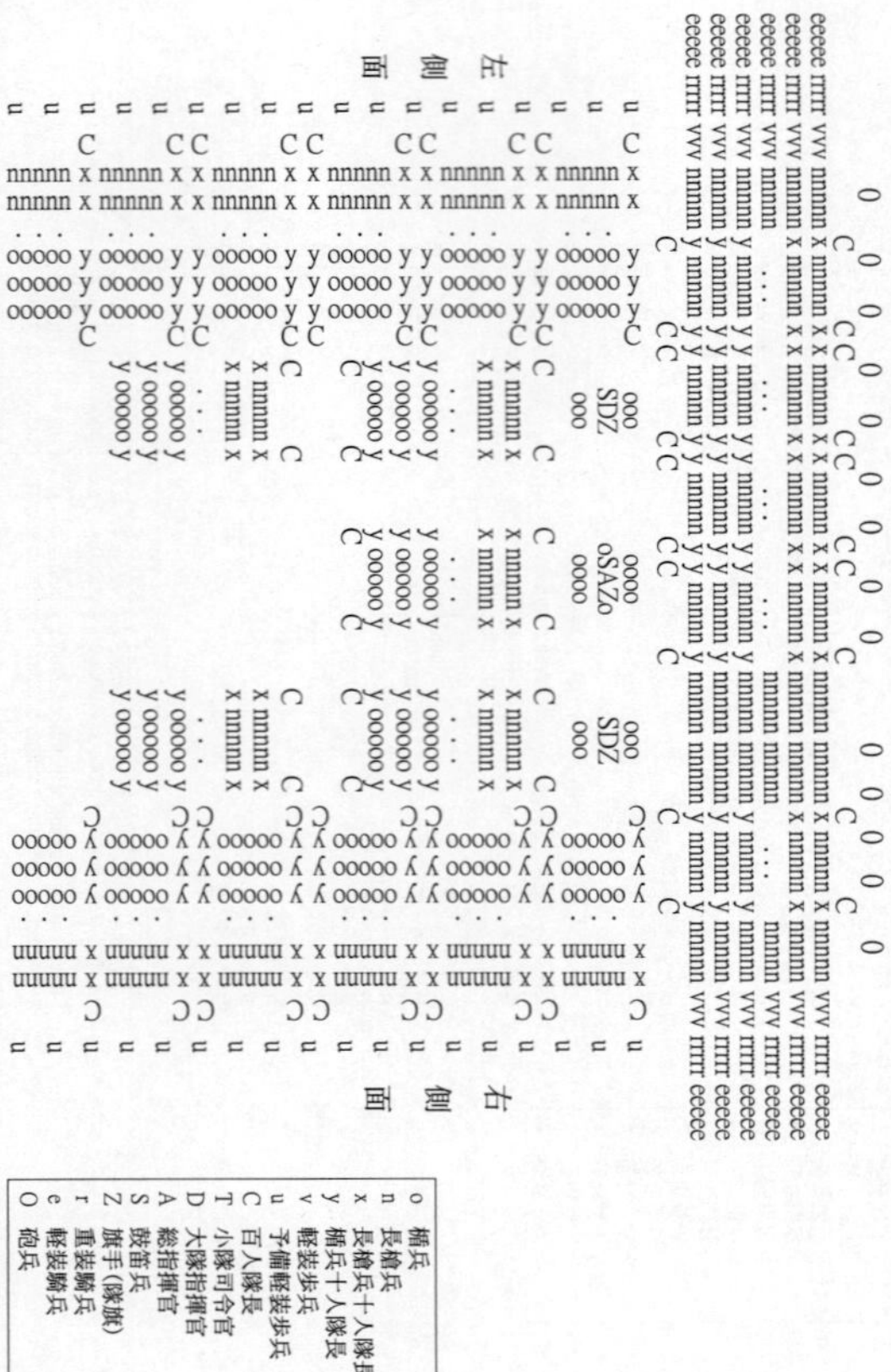

図6　会戦用に方陣隊形から転換された戦闘隊形

第六巻

ザノービ　論題も変わることですから、バッティスタ君に代わっていただき、わたしはお役目ご免とさせてもらいたいと思います。この際、すでにここでファブリツィオ殿から学んだことに従って、わたしは良き指揮官たちに倣いたいと思います。つまり彼らは、最良の兵士たちを軍隊の前と後ろに配備し、勇敢に戦闘の火ぶたを切る者を先陣に、その戦闘を力強く支える者を後陣に配置するのが不可欠だと考えています。そこでコジモ殿が、賢明にもこの議論を始めて下さったので、バッティスタ君には慎重にこの議論を結んでいただけるはず。ルイージ君とわたしは、その間に議論の相手をさせてもらったのです。私たち各々が自分の役割を喜んで引き受けた以上、バッティスタ君もそれを拒まれるはずがないと思っています。

バッティスタ　わたしはこれまで議論の展開されるままについてきたものですから、今後もそのままの流れで続けるつもりです。ということで、ファブリツィオ殿、どうかあなたのお話を続けて下さるように、もしや私たちがこんな形式的なことで、あなたの議論を中断させているならば、どうかお許しを。
ファブリツィオ　すでに申し上げたことだが、わたしは諸君にそれは感謝している。なぜなら、こういった中断はわたしの知性《ファンタジア》の働きを奪うどころか、むしろ爽快にほぐしてくれるのだから。さて、話題を進めていこうと思うが、今やここに言うわれわれの軍隊を宿営させる時とあいなった。ご承知のように、何事にも休息は必要なもの、それも安全でなければならない。安心して休めなければ、本当の休息にはならないからだ。ひょっとして諸君は、わたしが最初に軍隊を宿営させ、それから行軍、最後に戦闘へと向かわせるべきだった、と望んでおられたのではと思う。だが、われわれのやったことは反対だった。この点については必然のしからしむるところで、それというのも、軍隊というものが進軍しながら、いかに行進隊形から戦闘隊形に移っていくかを示そうとすれば、最初にどう備えて戦闘にあたるかを明らかにすることが必要だったからだ。

　ところで、本題に戻るとして、宿営を安全なものにしようとすれば、それが強固で秩序正しいことが必要となる。秩序立てるのは指揮官の努力のなせること、強固にするのはその場所か、あるいは技術のなせることだ。ギリシア人たちは堅固な場所を求めた、洞窟、河岸、木立ちの茂み、その他、彼らを守ってくれそうな自然の隠れ場所がないところには、決して陣営を張らなかったという。一方、ローマ人たちは宿営の安全をはかるのに、場所もそうだが、むしろそれ以上に技術力に頼ったものだった。彼らは、自分たちの規則どおりに全兵士を休ませられぬような場所には宿営しなかったという。こうしてローマ人は、一つの宿営の形態を守り続けるようになっていった。彼らが望んだのは、場所の方が自分たちに従うことであって、彼らが場所に適応することではなかった。この点をギリシア人は守れなかった。というのも、場所に従うばかりでは土地ごとにその形状も変化する以上、彼らギリシア人が宿営の仕方とその形態を変えるしかなかったからだ。

結局ローマ人は、場所がそれほど堅固でないところでは、技術と努力で補った。そしてわたしはこの話の中でローマ人に倣おうとしたのだから、宿営の仕方についても彼らローマ人から離れはしないだろう。が、彼らの配置をそっくり守るのではなく、現在にも適うと思われるところを取り上げながらということだが。

何度も話したことだが、ローマ人は、執政官部隊の中にローマ人民からなる二つの軍団《レギオン》を持っていた。これらの軍団は、およそ一万一千の歩兵と六百の騎兵から成っていた。さらに援助のためにと、盟邦から送られてきたもう一万一千の歩兵もかかえていた。ローマ人部隊にあってはローマ人以外の外国の兵士などまったく存在しなかったが、騎兵隊については別だった。外国騎兵が軍団の騎兵数を上回ったところで、問題にはしなかったのだ。そして、あらゆる軍事行動において、彼らローマ人は軍団を中央に、援助隊を側面に配備した。このやり方を、彼らは宿営に際しても遵守した。それは諸君自身が、ローマ人の故事を記した著書にあたってもらえれば読みとれるところだ。とはいえ、わたしはまさにそこで、いかに宿営が張られたかを語るのではなく、ただ現在だったらわが軍隊をいかなる方式で宿営させるかについて話すつもりだ。そこでいずれ諸君には、どういった点をわたしがローマ人のやり方から採用したものか分かってもらえるだろう。

ご承知のように、ローマの二つの軍団に一致させて、わたしは歩兵六千に騎兵三百を有効な一大隊として二大隊編制を採った。また、いかなる戦闘の際に、どういった軍備の時に、どのような名称でその軍団を分割したかも覚えておられると思う。また軍隊を行進あるいは戦わせるにあたっては、わたしが援助兵には何ら触れずじまいで、ただ援助兵を二つに分けて、隊列も二つにしたことを示したのも覚えておられよう。

ところで、ここで宿営の仕方を示そうというのだから、二大隊に固執せず、実際ローマ人と等しく、二大隊にそれとほぼ同数の援助兵から成る軍隊を持ち出すべきだと思う。そうするのも、完璧な軍隊なるものを宿営させることで、その陣営の形態がいっそう完全なものとなるからだ。こういったことは、他の説明のところでは必要だとは思わなかった。そこで歩兵二万四千、騎兵二千を擁する適正な軍隊を宿営させたいが、それを四大隊、自国兵からなる二大隊と外国兵からなる二大隊に分割した上で、次のやり方でいきたい。

〔第六巻末、図7参照〕

宿営場所が見つかったなら、まず指揮官旗を立てる。そのぐるりに四角形を陣取り、各面とも旗から五〇ブラッチャ〔約三〇メートル〕の距離をとる。どの面であれ、天の四方位、東西南北の一つに向き合うようにして、この空間の中に総指揮官の宿舎を置こうというわけだ。そして、わたしは思慮深くあることを願い、またローマ人の大部分もそうしたのだから、武装兵と非武装兵を隔て、熟練兵と輜重兵とを分かつ。全兵士を宿営させ、武装兵の大部分は東側に、非戦闘員と輜重兵は西側に、東をあたまに西を背にして南北に広げて配置する。そこで、武装兵たちの宿舎を区別するために、次の方法で参りたい。すなわち、指揮官旗を起点に、一本の線を東の方へ六八〇ブラッチャ分引く。次に、その線を中心に挟んで同じ長さのもう二本の線を引き、中心線からそれぞれ一五ブラッチャの間隔をとる。これらの線の東端に東門をしつらえるが、その空間、つまり外側の二本線の間のところが一つの通りを形成して、門から本営へと通じる。この道は幅員三〇ブラッチャ、長さ六三〇ブラッチャ〔五〇ブラッチャ分は本営が占める〕となって、指揮官通りと呼ばれる。

次に、別の通路を南門から北門まで通し、指揮官通りの突端のところで本営の東面に沿って渡す。この道は長さ一二五〇ブラッチャ〔本営の南北幅を含む〕、幅員は同じく三〇ブラッチャで、十字〔クローチェ〕通りと呼ばれる。こうして、本営〔指揮官宿舎〕と二つの通りを敷設してから、自国の二大隊用の兵舎の設営に取りかかる。その内の一大隊は指揮官通りの右手側〔南側〕に、もう一つは左手側〔北側〕に宿営させる。そして十字通りの道幅を渡ったところから、三十二の兵舎を指揮官通りの左側〔北側〕に、また三十二兵舎を右側〔南側〕に配列するのだ。その際、十六番目と十七番目の兵舎の間に、三〇ブラッチャの隙間をあけておく。これは両大隊のすべての兵舎を横切る南北横断通りとなるもので、大隊の配置を見ればいずれ分かろう。この二列の兵舎については、先頭に、つまり十字通りに接するところに、熟練騎兵の隊長たちを宿営させる。これに続く双方の列の十五の兵舎には隊長麾下の重装騎兵を置くが、一大隊あたり百五十人の熟練騎兵がいるから、一兵舎につき十名の割り当てとなる。隊長たちの宿舎の広さは奥行四〇ブラッチャ、長さは一〇ブラッチャ。注意してほしいのは、ここで奥行と言う場合には、いつでも南北の距離のことで、長さと言えば東西の距離のことだ。熟練騎兵たちの兵舎の広さは、長さが一五ブラッチャ、奥行三〇ブラッチャ。また、左右双方引き続いて立ち並ぶ十五の兵舎には(それらの兵舎は南北横断通りを渡ったところから始まり、熟練騎兵の兵舎と同じ空間をもつが)、軽装騎兵を宿営させる。この騎兵は百五十騎だから、一兵舎あたり十騎ということになる。そして、残る十六番目に軽装騎兵の隊長を置き、彼には熟練騎兵の隊長と同じ広さを与える。

こうして、二大隊の騎兵の兵舎は指揮官通りを真ん中に挟んで、これから述べる歩兵の兵舎の規準となる。分かっていただけたと思うが、こんな具合にそれぞれの大隊の三百の騎兵と彼らの隊長たちを指揮官通りに沿って十字通りから三十二の兵舎に配置し、十六番目と十七番目に三〇ブラッチャの道幅を残して南北横断通りとする。それから、正規の二大隊が有する二十小隊を宿営させるわけだが、騎兵の兵舎の裏側に左右双方それぞれ二小隊分の兵舎を設営する。いずれの兵舎も、長さは一五ブラッチャ、奥行三〇ブラッチャで、騎兵の兵舎に等しく、裏側に続く恰好で互いに隣接する。両大隊双方の列とも先頭は十字通り沿いから始まるが、そこの宿舎には一小隊の司令官を置き、熟練騎兵の隊長の宿舎と連接するといった具合。この司令官宿舎の広さは、奥行二〇ブラッチャ、長さは一〇ブラッチャといった程度だ。双方の列とも、この宿舎以後南北横断通りまで居並ぶ十五の兵舎には、それぞれ歩兵一小隊を宿営させるのだが、その数四五〇だから、一兵舎あたり三十の歩兵ということになる。さらなる十五の兵舎は、両列とも軽装騎兵の兵舎に隣接させて同じ広さで設営し、そこにはどちらの列とも別の一小隊の歩兵を宿営させる。そして最後の宿舎には、両列とも、この一小隊の司令官を置くが、ちょうど軽装騎兵の隊長の宿舎に隣接するかたちで、長さ一〇ブラッチャ奥行二〇ブラッチャの広さをもつようにする。こうして、最初の二列の兵舎は半分が騎兵で、半分が歩兵となる。

前に申し上げたように、ここに居並んだ騎兵たちは実戦に役立つことが望まれる。これらの騎兵は馬の世話などで彼らを補佐する部下を持たない以上、騎兵の裏側に宿営する歩兵たちが馬を調え、騎兵の世話をみる。またそのためにこれらの歩兵は戦場での他の仕事を免除される。こういったやり方は、ローマ人によって遵守されたところだ。

次には、双方の側ともこれらの兵舎群から三〇ブラッチャの空間をあけるのだが、それが路となって一方〔南側〕は右第一通路、もう一方〔北側〕は左第一通路と呼ばれる。そうして、また双方に三十二の兵舎を並べ重ね、互いに背面を向き合わせる恰好で、広さはすでに述べたものと同じ、それに十六番目までの兵舎で同様に区切って南北横断通り用とする。これらの兵舎には、双方とも歩兵四小隊を宿営させ、司令官を両端に置く。次に、双方これまた三〇ブラッチャの空間をあけて路を作るのだが、これは一方の側では右第二通路、他方の側では左第二通路と呼ばれる。

それから双方とも二重に並んだ三十二の兵舎を、同寸法で区切りも同じく、もう一列配置する。これらの兵舎には、両サイドとも、また別の四小隊〔歩兵〕と彼らの司令官を宿営させる。こういった具合で、三列に立ち並んだ兵舎の中には正規の二大隊の騎兵と歩兵が置かれ、指揮官通りを真ん中に挟むかたちとなる。援助兵からなる二大隊については、それらを同じような兵士構成で編制したわけだが、正規の二大隊がいる両サイドに兵舎群も等しく並べて配置する。つまり、まず兵舎を二重に並べて一列とし、そこの半分に騎兵をもう半分に歩兵を宿営させ、列ごとの隙間は三〇ブラッチャ、この空間が通路となって一方は右第三通路、もう一方は左第三通路と呼ばれる。次には、両翼ともにさらに二列の兵舎群を設営し、正規大隊の兵舎と同様のやり方で区切って並べ、通路ももう二本できあがるようにする。通路はすべてその位置に応じて右か左か、〔指揮官通りから〕何番目かで呼称される。こういった方法で、二大隊の全軍は、二重に並んだ兵舎十二列と指揮官通りおよび十字通りを勘定に入れた十三の通りからなる場所に宿営することとなる。兵舎から掘割〔内堀〕までは空間を残し、いずれの方向にも一〇〇ブラッチャを取る。

こういった空間をすべて計算に入れれば、総指揮官の宿舎の中心から東門までは六八〇ブラッチャであることが分かろう。まだ二つの空間が残っているが、その内の一つは総指揮官の宿舎から北門に至る一帯と、もう一つはその宿舎から南門に至る一帯で、それぞれ中心からの距離を計れば六二五ブラッチャとなる。

次に南北どちらの一帯からも五〇ブラッチャを差し引くが、これは総指揮官宿舎が占める幅のことで、それから広場用の四五ブラッチャ幅を南北両サイドに設けて、三〇ブラッチャの通路で今言ったどちらの空間をも半分に区切り、そして一〇〇ブラッチャは南北双方とも兵舎と掘割〔内堀〕の間に残しておく。すると、〔南北〕いずれの隊にも四〇〇ブラッチャ幅〔二〇〇ブラッチャずつで、実際は間に三〇ブラッチャの通路が入る〕、長さ一〇〇ブラッチャの兵舎用の空間が残るわけだが、その〔東西の〕長さは総指揮官の宿舎に合わせるものとする。そうしておいて、いわゆる長さを半分に仕切ると、総指揮官宿舎の左右に四十ずつの兵舎ができあがる。長さ五〇ブラッチャ、南北幅二〇ブラッチャで、総数八十の兵舎とあいなる。そのなかには、大隊の幹部、高位聖職者、設営指揮官数名と軍隊の統括責任者たちが皆宿営するわけだが、その兵舎のいくつかは総指揮官の特別任務を帯びて従軍する者たちや、集まってくる外国志願兵のためにあけておく。総指揮官の宿舎の西面には南北に抜ける道を渡し、道幅は三〇ブラッチャ、表通りと呼称する。

これはいわゆる八十兵舎に沿って敷設され、この通りと十字通りとで総指揮官宿舎およびその両翼に並んだ八十兵舎を間に挟むというわけだ。この表通りの、ちょうど総指揮官宿舎に真向かいとなる地点からは、もう一つの通りをそこから西門へ向けて通す。道幅はこれも三〇ブラッチャで、指揮官通りの位置に合わせて長さも等しくするが、これは広場通りと呼ばれる。これらの通りを固定してから、市も立つ広場を設ける。広場通りの表側〔東側〕、総指揮官宿舎の正面あたりで表通りにつながるように、広場を置くのだ。広場は四角〔実際は矩形〕にとって、東西面を九六ブラッチャとする。そして、この広場の右手と左手に二列の兵舎を設営するのだが、どちらの列も八つの兵舎を二重に置き、それぞれの兵舎の長さは一二ブラッチャ、奥行は三〇ブラッチャとする。これで広場の両翼〔南北〕に広場を真ん中に挟む恰好で十六の、全部で三十二の兵舎が並ぶこととなる。ここには援助兵大隊の熟練騎兵を宿営させる。またこれだけでは不十分なら、彼らに総指揮官宿舎の両翼の兵舎のいくつかを、とくに掘割〔内堀〕に近い方を当てがおう。あと残っているのは、どの大隊も有する予備の軽装歩兵と長槍兵を宿営させることだ。

覚えておられるように、われわれの編制では、どの大隊も十個小隊の他に、予備の長槍兵一千と軽装歩兵五百を持っている。ということは、自国兵からなる二大隊であれば、二千の予備の長槍兵に一千の予備の軽装歩兵がいるわけで、援助兵についても同数となる。つまり、さらに六千の兵士を宿営させねばならないから、それらの兵士はすべて西半面の掘割〔内堀〕沿いに配置するというやり方でいく。そこで、表通りの北側地点、兵舎と掘割〔内堀〕の間に一〇〇ブラッチャの余地を残すあたりから、五つの兵舎を二段に重ねて一列に並べるのだ。

兵舎は全長七五ブラッチャ、奥行六〇ブラッチャ、だから奥行〔南北幅〕を二分すれば、一兵舎あたり長さが一五ブラッチャで奥行が三〇ブラッチャとなる勘定だ。すると兵舎の数は十となって、三百人の兵士が各兵舎に三十人ずつ宿営することになる。次に、三一ブラッチャ離して同じ方法、同じ広さで五つの二段重ね兵舎をもう一列、そしてさらにもう一列と、五つの二重兵舎が五列とれるように置く。これで、北側面に真っ直ぐ並んだ五十の兵舎ができあがり、すべて掘割〔内堀〕からの距離一〇〇ブラッチャ、そこに千五百の兵士が宿営する。次には、左上方の西門にかけて〔北西側から西門にかけて〕、五列目の兵舎からその門までの一帯に、またもう五列の二重兵舎を同寸同様に設営する。列ごとの隙間はせいぜい一五ブラッチャ、そこには別の兵士千五百人が宿営する。

こうして、北門から西門にかけては掘割〔内堀〕に沿うように、五つの兵舎を二段に重ねたものが十列といった分け方で百兵舎分があるわけだが、ここに自国兵からなるすべての長槍兵と軽装歩兵の予備隊が宿営することとなる。こんな具合で、掘割〔内堀〕に沿った西門から南門までは、まったく同様のやり方で十兵舎ずつがもう十列並び、そこには援助兵大隊の長槍兵および軽装歩兵の予備隊が宿営するのだ。彼らの隊長や司令官たちには、快適だと思う兵舎を掘割〔内堀〕側から選び取ってもらう。砲兵については、掘割〔内堀〕の土手沿いにくまなく配置する。そして、西半面に残る全空間には、すべての非戦闘員とすべての輜重《しちょう》を宿営させるものとする。

そこで、理解してほしいのは、ご承知のように古代人は輜重の名前で荷台や物資全体、それに兵士は別として軍隊にとって必要な、ありとあらゆる人や物を考えていたことだ。たとえば、大工、鍛冶屋、蹄鉄工、靴職人、〔土木〕技師、砲手、といっても彼らは兵員の中に数えられるが。それに牧夫、また軍隊の食糧に欠かせない牛と去勢された羊の群れ、さらにはあらゆる手仕事に長けた親方たち、そして食糧や弾薬補給にも使う全体の軍用品を運ぶ荷車も一緒にだ。こういった兵舎は、とくに区切り立てはしない。ただ、彼らに占有されないような路地は作っておく。それから、路地以外として残る四つの空間は、類別の上、いわゆるすべての輜重にあてがう。つまり、一つの空間は牧夫たちに、一つは職人、親方連に、今一つは食糧運搬兵らに、四つ目は武器弾薬補給兵らにというように。

路地はふさがずにあけておくが、広場通り、表通りがそれで、さらにもう一つが中央通りと呼ばれる。この通りは、北から南に渡って広場通りの中央を横切り、東半面で南北横断通りが果たす効果を西半面で担う。そしてこれ以外に、長槍兵と軽装歩兵の予備隊の宿舎に沿って内回りの通路がある。これらの通路はすべて幅員三〇ブラッチャ。砲兵については、内堀に沿って陣営内側に配置する。

バッティスタ　白状しますが、わたしはこういったことにうといそう申し上げても恥ずかしいとも思いません。わたしの領分ではないのですから。しかしながら、この布陣は実に気に入りました。が、ただいくつかの疑問を晴らしていただければ。一つは、どうしてあなたは通りや通路それにまわりの空間をそんなにも広くとられるのですか？　もう一つは、これがもっと厄介ですが、兵舎用にあてがわれた空間はどのように利用されるものなのでしょう？

ファブリツィオ　分かって欲しいが、すべての通り道を三〇ブラッチャ幅にするのも、そこを歩兵一個小隊が整列して進んでいけるようにするためだ。よく思い出してもらえれば、諸君にはいずれの通り道も幅員二五から三〇ブラッチャと申し上げたはず。内堀と兵舎群の間の距離が一〇〇ブラッチャなのも必要上そうするのであって、それは諸小隊、砲兵隊を巧みに操ることができ、その空間を使って戦利品を運び入れ、またいざとなれば新たに掘割や新しく土手を作って籠城する際の余地にもなる。さらに兵舎群とて外堀、内堀から十分離れていれば、ますます結構で、敵が兵舎攻めに繰り出す火器や、その他の攻撃に対して距離が十分にとれるからだ。

二つ目の質問についてだが、わたしが意図するのはどの空間も、ただ一つの大テントで覆われることではない。その寸法からはみ出さない程度に、テント数の増減はあるとして、そこに宿営する兵士らにとって心地よいものとなるように利用されるべきだ。

こういった兵舎を枠取りするには、実に経験豊富な面々とすばらしい建築師たちが必要となる。彼らは、総指揮官が場所を選定したなら直ちに土地の形を整え、その空間を配分する。通りや通路を区分し、実際、迅速に整然と分割されるように縄と竿を使って兵舎群の区画を取る。そして混乱が起きないように、常に陣営の向きを同じやり方で、東正面に置くのが適っている。それは、いずれの兵士も、どの路のどの辺りに自分の宿舎があるのか分かるように、ということだ。これはいかなる時にも、いかなる場所でも遵守されなければならない、一つの移動都市のようなものであって、どこに行っても同様の通路、同様の宿舎、同様の外観を備えているものなのだ。こうしたことは、強固な場所を求め土地の形状に合わせて〔陣営の〕形態を変えざるを得ない連中には、守れるものではない。

ところで、ローマ人は掘割、防柵、土手をめぐらせて要害の地となした。というのも、彼らは陣営の周囲に柵を施し、その前に掘割を作ったわけで、通常幅六ブラッチャ、深さは三ブラッチャだった。この寸法は、どれくらい或る場所に逗留するか、また敵をどれくらい恐れているかによって増えたりもした。わたし自身としては、現在のところ、或る場所で冬営までするつもりはないから、柵を作ったりはしない。

掘割と土手は、少なくとも今言ったくらいのものはしっかりこしらえるが、必要ならばもっと大きなものにする。さらに砲兵隊を考慮して、陣営の四隅には半円〔実際は四分の三円〕の掘割を作るが、そこから砲兵たちは、堀に攻撃を仕掛てくる者どもの側面を叩くことが可能だ。こんな具合に、陣営を整備できるようにするには、兵士たちのさらなる訓練が必要だが、その陣形で建築師や熟練工らはすぐにも設計に移り、兵士らは自分たちの居場所をすばやく識別することが肝心となる。どれも難しいことではなく、しかるべきところでもっとゆっくり話そう。わたしとしては、この辺で陣営の警備兵の話に入りたいが、それというのも警備兵を配備しなければ、他の苦労がすべて無駄となってしまうからだ。

バッティスタ　警備兵の話に移られる前に、伺っておきたいことがあります。それは、ある人が敵の近くに兵舎を置こうとする場合、どのような方法で陣を張るのでしょうか？というのも、危険にさらされずに陣営を整えるような時間があるものやら、と思うのですが。

ファブリツィオ　貴君には、次のことを知っていただきたい。つまり、敵の近くに宿営する総指揮官などいるはずはないが、例外は敵が仕掛けてくるたびに戦わざるを得ない場合だ。そして、こういった立場に置かれたとしても、ふだん以上の危険はない。なぜなら、軍隊内の三分の二が戦火を交え、残る三分の一は兵舎の設営をするようになっているからだ。このような際にローマ人は、そうした兵舎の防備任務を三列兵隊に与え、主力隊と長槍兵隊は戦闘態勢に置いたものだった。こうしたのも、最後に戦闘にのぞむのが三列兵隊だったからで、敵が攻めてきたとなれば彼らは仕事を捨て、武器を手にして所定位置に遅滞なくついた。諸君は、ローマ人に倣って、軍隊の最後尾つまり三列兵隊にあたる諸小隊に、兵舎の設営をさせるべきであろう。

そこで警備兵の話に戻るとしよう。ローマ人にあっては、陣営の見回りとなると今日では常習の夜間衛兵と呼ばれる警備兵たちを、夜中、堀の外遠くへ出すことはなかったようだ。そうしたのも、夜間衛兵らの監督が難しく、また敵に買収されたり無理強いされる可能性もあり、部隊が罠にはまりやすいと考えたからだった。つまり、彼ら衛兵を全面的にも部分的にも、信用するのは危険だということだ。そこで衛兵の総力は、堀の内側に置かれたのだ。ローマ人は勤勉にそれは厳しい規則を課し、その規則から逸脱した者は誰でも死刑、といった具合に警備にあたった。それが、どのように彼らローマ人によって秩序づけられていたかは、これ以上言うまい。諸君はうんざりするだろうし、今まで〔そうした本〕に目を通したことがなかったなら、読んでいただくこともできる。ただ、わたしだったらどうするか、といったことを手短に述べよう。

通例として毎晩、戦闘兵の三分の一、そのうちの四分の一は常に歩兵だが、それらの兵士を警備にあたらせたい。歩兵は堀割際および全軍のそここにくまなく配置し、どの角にも二人一組で置く。二人の衛兵のうち、一方は持ち場に張り付いたまま、他方は繰り返し兵舎の角から別の角へと行き来する。ここに言う規則では、間近に敵が迫っているなら日中でも行うことだ。そして合い言葉は毎晩改め、衛兵同士使いやすいものをそのつど取り決める、これは周知のことだから、これ以上立ち入るまい。ただ覚えておきたいのは一点、これはきわめて重要なことであって、それを守れば大変有益だし、守らなければ実に有害となる。つまり夜間、陣営内にいない者と新たにやってくる者には、大いに注意を払うべしということだ。これは、設営したとおりの配列に従って宿営していれば、誰にでも簡単に確認できる。どの兵舎にも決まった頭数の兵士がいるので、誰が欠けているのか増えているのか見分けるのは簡単、そして無許可で誰かいない場合にはその者を逃亡兵として処罰し、また増えている場合には何者なのか、何をやっているのか、いかなる役目を帯びているのかはっきりさせる。こうした綿密さによって、よほどのことでない限り、敵が麾下の隊長たちと通じて作戦が漏れることもなくなる。

　こういったことが仮にローマ人によって丹念に守られていなかったならば、ガイウス・クラウディウス・ネロ[1]はハンニバルを間近にしてルカニアの陣営から旅立つことなどできなかったはず。だがハンニバルには何事も事前に聞きつけられずにマルケ地方に向かい、知らぬ間にそこから戻ってきたのだ。このネロにしても、ここに挙げたような規則を厳格に守らせていなければならず、ただよい規則を作るだけでは十分とはいかなかったのだ。軍隊ほど、実に規則遵守が求められるものはない。だから、軍隊を支える法規とは苛酷で厳しいのであって、執行者となれば厳格そのものであらねばならない。

　ローマ人は、警備の当番中に規則違反を犯した者、戦闘時に所定の持ち場を放棄した者、こっそりと兵舎の外に何かを持ち出した者には極刑を科した。戦さで誰かがこんなすごい活躍をしたとかしなかったとか言いふらしたり、指揮官の命令から逸脱して戦ったり、臆病のあまり武器を放り出した者たちにもそうだった(2)。また一中隊、あるいは軍団《レギオン》全体が同じような過ちをしでかした時には、全員に死を与えないようにすべての兵士の名札を袋に入れ、その十分の一にあたる数を引き出してその者たちを殺したのだ(3)。この刑罰は誰もが受けるわけではなかったが、どの兵士もが恐れたものだった。

そして重い罰則がある以上、褒賞もまたなければならないから、兵士たちを恐れさせるかと思えば〔反対に〕請い願わせるように、ローマ人はすばらしい功績にはことごとく褒美を定めた。たとえば、戦闘中に同郷の市民の命を救った者、敵の城壁一番乗り、最初に敵の兵舎に進入した者、戦闘で敵を負傷させるか殺した者、敵を馬から引きずり落とした者に、だ。このように気骨ある行為なら何であれ、執政官たちの認めるところとなって褒美を授けられ、公けに誰からも賞賛された。そして、何かの手柄で授かり物を得た者たちは、兵士仲間における栄誉と名声の他に、帰郷してから後も豪華盛大な祝宴とパレードを行って、友人や親族にその名誉を誇示したものだった。それだから、あのローマの民が大きな版図を獲得したのも驚くにはあたらず、善行でも悪行でも、賞賛か非難に値する者たちには、実にしっかりと刑罰か褒賞で報いたものだ。こういったことの大半は、見習ってよい。

またわたしは、ローマ人が遵守した刑罰の方法の一つについて、黙しておくべきとは思わない。それは、違反者が行政官か執政官の前で罪ありと認められると、罪人はその人物から棒切れで軽く叩かれる。そうやって叩かれた後で、罪人には逃げることが許され、全兵士には彼を殺すことが許される。すぐにも、各兵士が罪人に石つぶてか矢を射かけ、またはその他の武器で彼を襲ったものだった。実際には罪人は虫の息となってしまうが、稀には息をふき返す者もいた。そうやって生きながらえた者たちには、家に帰ることが許されなかった。多大な不自由と恥辱をともなえば話は別だが、その者にとってはもう死んだ方がずっとましだったのだ。

このやり方はスイス人によってもほぼ等しく守られているところで、罪人たちを他の兵士らに集団で殺させている。これは妙案というもので、見事に作られている。なぜなら、ある仲間が罪人の擁護に回らないようにするための、思いつくかぎりの最大の対処法は、その仲間を罪人の懲罰者に据えることだから。というのも、そういった者たちは別の配慮からこの任務を励行し、刑罰執行が他の者の手に渡るときよりも、当の本人たちが執行者になるなら、罪人の懲罰を渇望する〔方向に動く〕ものなのだ。

それだから、ある過ちを犯した者が民衆から支持されないようにするには、その最高の処方は民衆にその者を裁定させることだ。この論点を補強するにあたって、マルクス・マンリウス・カピトリヌス(4)の例が引き合いに出せる。彼は元老院から告発されたが、民衆の擁護を受けることとなって、それは市民がその件の裁判官となるまで続いた。しかし、マンリウス訴訟の裁定者として市民が就任するや、その市民はマンリウスに死刑を宣告した。結局これが騒擾を取り除き、正義を守らせるところの刑罰の方法だったのだ。さらに、武装兵たちの手綱を引くには、法規に対する恐れであれ人民たちに対する恐れであれ、十分とはいかないものだから、ローマ人はそこに神の権威⑤を付け加えた。つまり、実に盛大な式典を催して、自分たちの兵士らに軍事規律の遵守を誓わせ、それに背く際には法規や人民ばかりか、神をも畏れざるを得ないようにした。そして、あらゆる努力を払って兵士たちに宗教心を持たせた。

バッティスタ　ローマ人たちは彼らの軍隊の中に女性がいたり、今日では日常化した怠惰な遊びに兵士がふけるのを許したのですか？

ファブリツィオ　そのどちらも禁じた。それに、この禁止はさほど難しいことではなかった。それというのも、ローマ人には多くの軍事行動が相次ぎ、個々にも集団的にも毎日兵士を働かせていたため、兵士らには遊女《ヴィーナス》であれ遊び事であれ、その他騒乱や無気力のもとになることを考える暇などなかったのだ。

バッティスタ　それは結構なことです。ところで、軍隊が宿営地を引き揚げて移動する時には、どういった手順に倣われるのですか？

ファブリツィオ　まず指揮官ラッパが三度鳴ったものだ。最初のラッパでテントがたたまれ、荷物をまとめる。二度目に積み荷をすませて、三度目には以前に述べたようなやり方で行軍に出、武装兵からなる各隊は軍団《レギオン》を真ん中に挟みながら、輜重隊が後ろに連らなった。そこでだが、諸君にまず動かしてもらわねばならないのは、援助兵大隊一つ、この次にその援助兵大隊用の輜重兵たちが続き、彼らで全体の輜重兵の四分の一だ。これは少し前に示したあの四つに仕切られた空間の一つに宿営した全輜重兵にあたる。そして、四箇所のうちのどの輜重兵たちも、或る一大隊の後ろに付くものとする。これは行軍の際に、めいめい前進しながら、どこが自分の場所なのかが分かるようにするためだ。このように、どの大隊も自分たちの輜重兵と進むのであって、全軍の輜重兵の四分の一は後方に、われわれがすでに明らかにしたように、ローマ軍が行軍したとおりにやらねばならない。

バッティスタ　宿営地を定めるにあたって、ローマ人はあなたが述べられたこと以外にも何か気をつけたのでしょうか？

ファブリツィオ　改めて申し上げるが、ローマ人は宿営の際、自分たちのやり方どおりの慣れ親しんだ布陣が、いつもできるようにと望んだ。それを遵守する以外には、ほとんど気にも留めなかった。なお他に配慮した点は、おもに二つあった。一つは安全な場所に身を置くこと、もう一つは敵が宿営地を包囲するにも不可能で、自分たちの飲み水や食糧補給路を断つことのできぬところに身を置くといったことだ。その上で、疫病を避けるために、ジメジメした場所や体に悪い吹きさらしの場所は避けた。これは土地の質もそうだが、むしろ住民らの顔から判断したものだ。住民の顔色が悪く喘息ぎみだったり、他の伝染病に冒されていると見て取ると、そこにはローマ人は宿営しない。もう一方の包囲されないといった点に関しては、その場所の性状を考えざるを得ず、どこに味方たちがいて、どこに敵方がいるのか、こういったことから包囲され得るものかどうか、指揮官なりに推測してみるわけだ。

そこで指揮官にあっては、国々の土地に極めて精通することが必要となり、部下にも同じような練達の士を多々擁することが欠かせない。さらに、軍隊を混乱させないように、病気も飢餓も避ける。軍隊を健全に保つには、兵士たちがテントの下で就寝し、木立が木陰をつくってくれて調理用の大量の薪にもこと欠かない場所に陣を張り、灼熱の中を行進しないようにしなければならない。そのためには、夏ならば陽が昇る前に軍隊を陣営から連れ出すこと、また冬場には、火をおこす道具もないまま雪や氷の中を行進しないこと、それに必要な衣類を欠かさないこと、汚れた水を飲まないようにすることだ。たまたま病にかかれば医者に見せること、指揮官とて病気と敵の双方と戦わねばならないとすれば、手の打ちようがない。

ところで、軍隊を健全に保つのに、演習ほど役立つものはない。だからローマ人は、毎日のように兵士らに演習を行わせた。そのことから、この演習がどれ程有効かが分かるというもの、なぜなら兵舎にあっては健全に、戦さにあっては勇猛にしてくれるからだ。飢餓については、敵が食糧補給を妨げないように注意するだけでなく、食糧をどこから入手するかの手筈もつけておいて、今の蓄えが浪費されないようにしなければならない。常に軍隊の一月分の食糧貯蔵が必要であり、それから近隣の盟友には連日食糧を運び入れてもらうことだ。それをどこか堅固な場所に貯蔵して、特に入念に配分すること、毎日めいめいに相応の量を与えるように。こういった点は遵守の上、混乱を来さぬように、というのも戦争における他のことは何でも時間とともに克服できるが、食糧不足ばかりは時間とともに重圧となるからだ。いかなる敵でも、食糧封鎖で勝てるなら一戦を交えて勝利しようとはしないだろう。この勝利には名誉も何もあったものではないが、実に確実で間違いがない。それゆえ、公平な分配を守らず目につく食糧を好き勝手に消費するような軍隊は、飢餓から免れるものではない。一つの無秩序が食糧を途絶させ、もう一つの無秩序が補給を無駄にしてしまう。かたやローマ人は、支給食を必要な時に食べるように定めていた。どの兵士であれ、指揮官が食す時以外には口にしなかった。それが今日の軍隊によってどれくらい守られているか、誰もが知るとおり、ローマのように秩序があるとか、節制に富むなどと呼べるものではなく、まったくもって放縦で麻痺状態だ。

バッティスタ　あなたが宿営地を整え始めるにあたって言われたことですが、二大隊のみでいこうとはされずに四大隊を望まれ、それは正しい軍隊とはいかに宿営するものかを示して下さるため、とのことでした。そこで、二つのことにお答えいただきたい。一つは、わたしがそれ以上かそれ以下の兵員をかかえる場合、どのように宿営すべきかということ、もう一つは、兵士が何人いれば、いかなる敵と戦うにも十分なのでしょうか？

ファブリツィオ　最初の質問にお答えするとして、その軍隊が四千ないしは六千の歩兵よりも多かったり少なかったりするならば、兵舎の列を取り除くか必要なだけ付け足すかだ。そしてこのやり方で、多い時でも少ない時でも限りなくやっていける。しかしながらローマ人は、執政官の二つの軍団《レギオン》をともに併合させると、二つの宿営地を作って非戦闘員側の方へ互いに向き合わせるようにしたものだ。

二つ目の質問についてだが、正規のローマ軍は二万四千くらいの兵士だったということだ。しかし、もっと強大な兵力が立ちはだかった際には、最大に兵士を寄せ集めて五万だった。この数でガリア勢二十万(6)に対抗したが、ちょうどカルタゴ人との間の第一次ポエニ戦争の後にガリア勢が攻撃してきた時のことだった。これと同様に、ローマ軍はハンニバルにも対抗した。注意してもらいたいのは、ローマ人もギリシア人も、統率がとれ技量に長けた精鋭らで戦争を行ったことだ。西ヨーロッパ人や東洋人は、それを大勢で行った。とはいうものの、こういった民族の中でも、一方の西ヨーロッパ人は自然〔生来〕の獰猛ぶりを活かし、もう一方のアジアの人びとは自らの王にいだくところの多大な服従心を利用するのだ。ところが、ギリシアにあってもイタリアにあっても、自然の獰猛さもなければ、自分たちの王に対する自然な敬意もないのだから、規律に頼らざるを得なかった。この規律は大変な力となって、少数でも獰猛さや大多数の生来の執拗さに打ち勝つことができた。だから、言っておくが、ローマ人やギリシア人を模倣するのであれば、兵士の数は五万を超えないか、いやむしろもっと少なくすることだ。なぜなら、それを超えると混乱をきたし、規律も習い覚えた命令も守られぬままとなるから。それでピュロス〔エペイロス王〕は、兵士二万五千で世界を攻撃してみせる、などと言っていたものだった。

さて、敵に打ち勝つもう一つの側面に移るとしよう。われわれは、これまでに自分たちの軍隊を会戦に勝利するように作って、その戦闘中に発生する数々の困難を挙げてきた。われわれの軍隊を行軍させ、歩みを進める間にも、自軍がいかなる障害にぶつかって過つものかを述べた。そして、最後に自軍を宿営させたわけだが、そこではただ単にこれまでの労役からしばしの休息を取るだけでなく、さらにはどうやって戦争を終結させるべきかを思案するものでなければならない。それというのも、宿営地内では対処すべき事柄が多く、とりわけ戦場や非戦闘地域との境界の土地にはなおも敵兵が残る以上、こうした敵兵から身を守り、敵地であればしっかり攻略することも必要だから。陽動作戦を展開し、ここまでわれわれが戦ってきたところのあの栄光を胸に、こうした困難を乗り越えていかねばならない。

そこで細かいことを言えば、多くの民衆や人民を相手に、こちらにとっては有利で彼ら自身に大損害となるようなこと（たとえば、彼らの都市の城壁を取り壊すとか、多くの同胞を追放するとか）を行わせるには、一つに彼らを欺くことが必要となる。こちらが彼らに狙いをつけているとは見抜かれないように。そうすれば〔相手は〕互いに助け合うこともないから、次に彼らはみな無方策のまま抑えられてしまう。あるいは相手に同日内に為さねばならないことを命じてみること、それは、いずれの民も命ぜられたのは自分だけだと思い込むことから対策はおろか〔むしろ〕従う方を選ばせるためで、こうして何の騒動もなくこちらの命令を遂行させるようにするのだ。

また、こちらの意図を達成するのに、何がしかの人民の信義が疑わしいためそこを固めようと不意に占領するのであれば、彼らのうちの数人にこちらの意図をいくつか伝えて援助を請い、そしてこの人民が抱くどのような懸念ともかけ離れた企てをやりたいように見せかけることだ。すると、その人民は自衛について考え及ばなくなり、こちらが彼らを叩こうとしているとは思いつかず、こちら側の願いを容易に遂げる場が到来することになろう。

また自軍の中で、敵方への内通者を見つけたなら、その不正な心を利用して、彼にはこちらのやりもしないことを伝え、為そうとすることは黙しておくこと、それに疑ってもいないことを疑っているふりをし、内通者への疑念は隠しておくことだ。すると敵方は、こちらのもくろみは察知済みと思い込み、何らかの作戦に打って出てこようが、そこで当方が敵を欺いて叩くことは容易となろう。

もしもクラウディウス・ネロのように、自軍を縮小して或る盟友に援助隊を送り、しかも敵にはそれと気づかれまいとすれば、兵舎群を減らさずに、旗の数と全体の配列はそのままに、同数の砲兵と同数の警備兵をくまなく置くことだ。同様に、自軍に新たな兵士たちが加わって、敵には増強したことを知られたくないなら、兵舎数を増やさぬことが必要だ。というのも、こちらの行動や計画を秘密にしておくことは、これまでにも実に有益だったのだ。それゆえ、メテルス[7]が軍隊を率いてイスパニアにいた折、明日はどんな手に打って出るのか、と彼に尋ねた者に対して、もしもわが隊の誰かがそれを知っているなら、そいつを焼き殺してやろう、とメテルスは答えた。マルクス・クラッススは、彼にいつ軍隊を動かすのかと尋ねた者に対して、こう言い放った。「ラッパの音を聴かぬのは自分だけだと、おまえは思っているのか？」と。

敵の機密に通じてその編制を知ろうとするには、ある者は使節団を派遣し、その使節らと一緒に従者の姿に身を包んだ歴戦の強者どもを送り込んだものだ[8]。かの兵士たちは機会をとらえて敵軍を目のあたりにし、その長所と弱点を考えた上、敵方に打ち勝つ機会を味方にもたらした。またある者は一人の部下を亡命させておき[9]、彼を通じて敵のもくろみを知った。さらにこの目的で捕虜を利用する際にも、敵勢から同じような機密が分かるというものだ。

マリウスは、キンブリ人との戦争中[10]、当時ロンバルディーアの地に住みついてローマ人民と同盟を結んでいたガリア人の信義を見分けるのに、彼らに宛てて開封したままの手紙と封印した手紙を送った。開封したままの手紙には、しかるべき時まで封印した方を開けてはならぬ、と書き付けた。そして、その時がくる前に封印した手紙の返却を求めると、それが開封されていたことが分かったため、ガリア人の信義はそれほどでもない、と知った。

また、いく人かの指揮官たち〔スキピオ・アフリカヌス等〕は攻撃を受けると、その敵とはやり合おうとはしないで敵方の故国を叩きに出向いて、敵が自国の防備に帰らざるを得なくした。これはたびたびながら見事に成功した。なぜと言って、麾下の兵士たちは勝ち始めて戦利品にありつけると、自信もみなぎってくるもの、勝者のはずの敵兵は自分たちが敗北者となっていくように思われて気落ちするからだ。このように敵勢の分断を図った者は、多くの場合、ことは上首尾に運んだ。とはいえ、これは敵国よりも自分の方が大国である者にとってのみ可能なことで、またそれ以外のやり方では負けてしまう。

宿営時に敵に包囲された総指揮官にとって、実際に手を結ぶふりをして敵方と数日間の休戦協定を取り交わすのは、しばしば有益だった。協定を行えば、どういった活動でも敵勢は鈍りがちであり、そこで彼らの緩慢さを利用して、敵方の包囲から脱出する機会が簡単に得られる。こういったやり口でスッラは二度[11]も敵勢から自由の身となったし、また同じような策略を使ってハスドルバルはイスパニアの地で彼を包囲したクラウディウス・ネロの軍勢から逃れた〔紀元前二一〇年〕。

さらに敵の軍勢から自由となるには、これまでに述べたことの他に、何か敵を釘付けにするようなことを行うのも役に立つ。これには二つのやり方がある。一つは自軍の一部をさいて敵に攻撃をしかけ、その小競り合いの最中に、残る配下の兵士たちが助かる余裕をつくるといったもの。もう一つは何か目新しい事態を引き起こして、その新奇さゆえに敵をアッと驚かせ、呆然と立ち尽くさせるといったことだ。ご承知のとおり、ハンニバルはファビウス・マクシムスに攻め囲まれた時、[12]夜中にあまたの雄牛の角の間に松明《たいまつ》をくくりつけた。するとファビウスはこの物珍しさに躊躇したまま、どうにもハンニバルの行く手を阻もうとはしなかった。

指揮官は、何をおいても、巧妙に敵の軍勢を分断することが必要であって、敵勢が信頼を寄せる参謀たちに嫌疑がかかるように仕向けるとか、敵がその軍隊を分割し、しかもそのために弱体化が必定な要因を相手に与えるかだ。最初のやり方としては、敵の或る参謀の所有物を大切に扱うこと、たとえば戦時にその参謀に帰する兵士や持ち物に手を出さないで、その息子たちやかけがえのない人びとは身代金を取らずに返すことだ。

ご承知と思うが、ハンニバルはローマ近郊に一面の火を放ったが、ファビウス・マクシムスの一族だけは助かるようにした。軍隊を率いてコリオラヌスがローマにやって来た時、貴族の所有物はそのままにして、平民のものには火をつけ強奪していった〔紀元前四九一年〕。メテルス・ヌミディクスが、軍隊をユグルタ王討伐に差し向けた時〔紀元前一〇八年〕、ユグルタの命でメテルスに遣わされたどの大使も、ユグルタ王を捕虜として差し出すように、とメテルスによって要求された。その後これらの大使連中には同じ内容の手紙をメテルスが書き付けると、してやったり、やがてユグルタ王は自分の側近である大使全員に嫌疑をかけ、さまざまなやり方で彼らを消してしまった。ハンニバルがアンティオコス三世の下に逃げ込んだ時も、ローマの大使たちはそれは親密にハンニバルと接触を持ったため、アンティオコスはハンニバルを疑い出すやそれ以後まったく彼の助言には信をおかなくなってしまった⑬。

敵勢を分断するにあたっては、一部の敵兵の故郷を攻撃することにまして確実な方法はない。その一部分の兵士らは郷里《くに》の防衛に走らざるを得ず、戦線離脱とあいなる。この戦法を取ったのがクイントゥス・ファビウスで、彼の軍隊がガリア勢、トスカーナ勢、ウンブリア勢、それにサムニウム勢と対峙した時がそうだった〔前二九五年〕。ティトゥス・ディディウスは、兵士が敵方に較べて少ないのでローマからの軍団《レギオン》一隊を待機していると、敵方は軍団を迎え撃つつもりだった。ティトゥスは敵勢が待ち伏せに出ないように、次の日に敵との決戦を行うと全軍に伝え、捕虜の何人かが機会をうかがって逃亡するように仕組んだ。逃げた捕虜らが翌日に決戦すると言った執政官ティトゥスの命令を伝えたため、敵方は自分たちの兵力を減らしたくないばかりに、その軍団を迎え撃てなかった。こうして、軍団は無傷で到着できたのだ。この戦法は、敵勢を分断するのに役立ったわけではないが、ティトゥスの兵力を二倍にするには効を奏した。

　またある者たちは、敵勢力を分断するために、敵が自国に侵入するにまかせて好き勝手に多くの領土を略奪させておいた。これは、敵が占領地に守備隊を置くまでその勢力を削減させるのが狙いだった。こうして、敵の兵力を弱めてから、敵を撃破した。その他、或る地方に侵攻しようとする際、ある者たちは別の場所を攻撃するぞと見せかけて、それは巧妙にも、攻め込まれるなどとは思いもよらぬ地方に侵入するや、敵方が救援に来る前にその地方を抑えてしまった。敵方にしてみれば、こちらが最初に脅かした土地に舞い戻るのかどうか定かでないため、一方の土地は見捨てられず、もう一方の救援にも向かえずじまいとなるからだ。こうして、しばしば敵はどちらの土地も守れなくなる。

　これまで述べたこと以外に指揮官にとって重要なのは、兵士間に暴動や不和が生じた場合にはそれを解消するすべを心得ておくことだ。最良の方法は、内紛の首謀者らを処罰すること。ただし、それと気づかれる前にその連中を片づけておくことだ。そのやり方だが、首謀者たちが離れていれば、犯人どもと他の者も皆いっしょに呼び出す。首謀者らは自分を罰するためとは思いもよらないから、逃亡せずに、やすやすと刑罰にかけられる寸法だ。全員が揃えば、罪のない者たちと結託して、その助けを借りながら犯人どもを処罰せねばならない。兵士の間に反目が生じたなら、最良の方法は彼らを危険にさらすこと。危険への恐怖は、常に彼らの結束をもたらす。

ところで、とりわけ軍隊の団結を作り上げていくのは、指揮官の評判だ。これは、ひとえにその者の力量《ヴィルトゥ》から生まれるのだが、高貴な生まれであれ権威であれ、力量がなければ決して評判を高めるものではない。それから、指揮官にとって為さねばならぬ責務の第一は、麾下の兵士が処罰と給金に甘んじるよう維持することだ。というのも、いつでも支払いが滞れば処罰もなくなってしまうから。なぜなら、こちらが盗みをはたらく兵士に支払わず、むこうも生きるために盗みをやめられないとすれば、その兵士を処罰することなどできはしない。また、そんな兵士にこちらが支払いつつ処罰しないとなると、どうしたってその輩は横柄となる、なぜといってこちらは見くびられたわけで、そこまで落ちぶれた者には自分の地位の尊厳など守れるものではないからだ。そして、地位を保持できないため、必然的に暴動が起こって反目いがみ合いとなり、これが軍隊の破滅となる。

さらに古代ローマの指揮官たちには、現代人からすればほとんど関係のない苦心があった。それは不吉な兆候でも自分たちに都合のいいように解釈しなければならないことだった。たとえば稲妻が軍隊に落ちたり、日食や月食が起こったり、地震が生じたり、指揮官が馬の乗り下りの際に落馬でもすれば、兵士らには不吉と解釈され、会戦に至っても簡単に敗れるのではないかといった大層な恐れが生じたのだ。そこで古代ローマの指揮官たちには、こんな事件が発生するや、その原因を示して自然のせいにするか、それを自分たちに都合よく解釈したものだった。〔ユリウス・〕カエサルは、アフリカの地で下船の際にころんだものの、こう言った。「アフリカよ、わたしはおまえを今捕まえたぞ」[14]と。そして多くの者たちが、月食や地震の原因を説明してきた。こういったことは、われわれの時代には起こり得ないが、それは今日の人びとがそれほど迷信深くないためで、またたしかにわれわれの宗教の方でもそうした憶測にはまったくとりあわないからだ。しかし、万が一必要とあらば、古代ローマ人の様式に倣わねばなるまい。

飢餓やその他の自然の必要から、あるいは人間の情念から敵方が絶望につき動かされて、こちら側に戦さを仕掛けてくる場合には、自陣に留まってできれば戦さを避けた方がよい。このようにラケダイモン人は、メッセニア人に対処した。またこのように、カエサルはアフラニウスとペトレイウス[15]に対応した。

執政官クイントゥス・フルヴィウス[16]がキンブリ人と対峙していた頃、彼は連日長期にわたって自軍の騎兵隊に敵方を攻撃させたのだが、敵勢が陣営から出て彼の騎兵隊を追尾させるには、いかにしたものか、と思案した。かくて、フルヴィウスはキンブリ人の陣営の背後に伏兵をしのばせた上で、騎兵隊に同様の攻撃をさせると、キンブリ人は〔戻るに戻れず〕騎兵を追って陣営から遠く外に出たので、フルヴィウスは敵陣を占領して略奪に及んだ。何人かの指揮官にとっては、自軍が敵の軍隊に近接している場合、麾下の兵士に敵の旗印をもたせて送り出し、自分の領地で盗みや放火をさせることがたいへん有効だった。すると敵方は、自分たちを助けに来たのだと思い込んだわけで、さらには敵兵らも援助兵たちが略奪するのを助けに出向いたのだが、こうして敵方は秩序を乱し、自分たちの相手方に勝ち名乗りをあげる力を与えてしまった。この手段はエペイロスのアレクサンドロス〔一世〕がイリュリア人に対する戦闘で用い、またシラクーサのレプティネス(17)がカルタゴ人相手に使った。どちらにとっても計画は容易に成功した。

また敵を討ち負かした者の多くは、敵方に過分の食糧飲料を差し出し、怯えたふりをしながらワインや食べ物でいっぱいの陣営をあけ渡した。こんな御馳走に敵方が然るべき消費量を超えて満たされると、その敵に攻撃をしかけて、壊滅的に打ち破った。こうやってトミュリス女王(18)はキュロス〔ペルシア王〕に立ち向かい、ティベリウス・グラックスはスペイン人に相対した〔紀元前一七九年〕。またある者たちは、簡単に敵に勝てるようにと、ワインや他の食べ物に毒をもった。

少し前に述べたとおり、わたしは古代ローマ人が夜中に警備兵を〔外堀の〕外に出していたことなど習い覚えがなく、この場合に起こり得る災いを避けるためにローマ人はそうしたのだ、と思っている。それというのも、他でもなく日中敵の偵察に送り出す歩哨兵でさえも、彼らをその任に就かせた側の破滅の原因になったからだ。その理由は、たびたび起きたことだが、歩哨は捕らえられ、味方を呼び出す合図を強制されて、合図に応じてやって来る仲間が殺されるか捕らえられたから。

敵方を欺くためには、時々こちらの慣例を何か変えることが役に立つ。前の慣例に従ってくれれば、敵は敗れたも同然だ。たとえば、或る指揮官は敵の来襲の際、夜なら火焔をつかって、昼ならのろしをつかって、配下の兵士らに合図を送っていたが、間断なく火焔とのろしを上げておいて、次に敵がやって来たら止めよ、と命じたのだ。敵方は、気づかれずに近づいていると思い込み、見つかった時の合図もないので、たがが緩み出したことから相手方の勝利を実に容易にしてしまった。

ロードス島のメムノンは、要害の地から敵軍を引き出そうと、逃亡者を装った一人の兵士を送り込んだ。その兵士は、味方の軍隊が反目状態で、自軍の大部分が出立したと証言した。するとメムノンは、事態を信用させるために、実際に陣営内で暴動をいくつか起こさせたところ、敵方は彼を打ち破れると判断して、攻撃に出て敗れ去った。

これまでに言ったことに加えて、敵方を絶望の極限に追い込まぬように注意しなければならない。この点については、ゲルマニア人との戦闘の際にカエサルが気をつけたところだ。逃げ場がないと、その必要性が彼らを強くするのが分かっていたため、カエサルは相手に退路を開けておいた。そして、守りに入ったゲルマニア人を討ち負かす危険よりも、むしろ彼らが逃げ去ってから追撃する労苦の方を望んだ。〔マケドニア長官〕ルックルスは、味方のマケドニア騎兵数騎が敵側に脱走したのを目にして、即座に突撃ラッパを吹かせ、残る兵士たちに彼らを追うよう命じた。そのため、敵方は、ルックルスが戦闘を開始したものと思い込み、マケドニア騎兵を素早く迎撃したため、逃走した騎兵たちは応戦せざるを得なくなった。このように、逃亡兵であるマケドニア騎兵はその願いに反して、戦闘兵となってしまった。

さらには、こちらが会戦に勝利した後でも前でも、ある都市の信義が疑わしい場合は、そこを確保することが重要となる。この点については、古代のいくつかの例が教えてくれよう。ポンペイウスはカティナ人を疑わしく思い、彼らに頼み込んで自軍のかかえていた何人かの傷病兵を快く受け入れてもらおうとした。そして、傷病兵を装った屈強な兵士たちを送り込むと、その都市を占領してしまった。プブリウス・ワレリウスはエピダウロスの住民の信義が心配となって、今日われわれが言うところの贖宥式典〔免罪儀式〕を町外れの教会に移させたが、全住民が贖宥にあずかろうと出かけた折に城門を閉めてしまい、その後彼が信頼を寄せた面々しか中へ入れなかった。アレクサンドロス大王は、アジアに遠征しながらトラキア地方も固めておこうと、そこの全領主を一緒に引き連れ、彼らには給金を与えてトラキアの住民〔の統治〕には臆病な人物を当てておいた〔紀元前三三四年〕。こうやって、アレクサンドロス大王は領主たちには支給することで満足させ、住民たちには彼らをそそのかすような指導者を置かずにおとなしくさせておいたのだ。

とはいえ、指揮官たちが民衆を味方につけるにはいろいろな方法があるものの、そのなかでも貞節と公正の例を挙げておこう。例えばイスパニアの地でのスキピオ・アフリカヌスは、あの実に美しい娘を父親と夫の元に返している。(19) このことは、武力でイスパニアを獲得する以上のものをスキピオにもたらした。カエサルは、ガリアの地で自軍の周囲に防禦柵をこしらえるのに使った材木の代金を支払わせたところ、公正だとの名を馳せて彼はいとも簡単にその地方を手中にしたという(20)。

こういった例の他には、もう話すことは残っていないはずだが、それにこれまでの話題で議論していない点が他に残っているとも思われない。唯一つ、われわれが言い残したのは、城塞都市の攻略と防衛のやり方だけだ。諸君にとってよろしければ、是非ともその話を申し上げよう。

バッティスタ　あなたはたいへん人情味に溢れておられて、私たちが生意気に思われるのではといった心配もなく、自分たちの望みが遂げられるというものです。質問するのがはばかられたようなことを、あなたは率直に提供して下さったのですから。とはいえ、申し上げることはただ一つ、私たちにとってその議論を完結していただく以上にありがたいことはありません。が、その別の話題に移られる前に、一つの疑問を解いていただきたい。つまり、今日そうであるように、冬期にも戦争を続けることがよいことなのか、それとも古代人のように夏期に戦さを行って、冬期には陣営にこもるのがよいのかということです。

ファブリツィオ　それだ！　質問する側に思慮がなかったならば、答える方も考察に値する点を触れずじまいに残してしまったところだ。改めて申し上げるが、古代ローマ人はわれわれよりもよく、また実に大きな思慮を働かせて、あらゆることを為した。戦争を別にすれば何がしかの間違いもあろうが、こと戦争においては完璧だった。総指揮官たる者にとって、冬場に戦争をするほど思慮に欠けた危険はない。冬戦争は、戦いを控えるよりもそれは多くの危険をもたらす。理由はこうだ。つまり、軍事規律に脈打つすべての努力は、敵との会戦に万端を期すためにある、会戦によって勝ち戦さとなるか、負け戦さとなるかどうかが総指揮官の目指すべき目的なのだ。つまるところ、会戦に向けてよりよく自軍を整備できた者、よりよく規律立てた者が、この会戦に優位を占め、またそれに打ち勝つことを待ち望み得る。

別の見方をすれば、過酷な場所、寒くて雨の多い時期にもまして、軍隊組織の敵となるものはない。寒冷の地では規律どおりに部隊展開もままならず、寒くて雨がちの時期には兵士たちをまとめておくのも容易ではない。それに、整然と敵前に出現できないばかりか、こちらの居場所となる城塞や、村や山里次第では、やむを得ずバラバラに分かれて宿営することになり、自軍の統制のためにやってきたあの苦労は、すべて無駄に終わってしまう。

また今日では、冬場に戦争をするとしても諸君が驚くには当たらない。それというのも、こうした軍隊たるや規律というものがないわけで、まとまって宿営しないことが自分たちに及ぼす危害さえ知るところではない。それに、隊列を維持できず、また持ってもいない規律を守れずとも、彼らには何の悩みともならないわけだ。だが、冬期に軍隊を引き連れて戦場に出ることが、どれほどの損害の原因であったか考える必要がある。思い起こすのは、たとえばフランス人は一五〇三年ガリリァーノ付近で、スペイン人にではなく、冬の寒さに敗れた(21)。その理由は、攻撃を仕掛ける方にいっそうの不利となるからだ。悪天候は攻撃側をますます苦しめるし、敵側の住居に身を置きながら戦争をしようとしているわけであって、必要上やむを得ないが、全軍揃って滞在するためには水や寒さの問題に耐えねばならず、そんな不便を避けようとすれば兵士たちを分散させざるを得ない。他方、待機する側は自分に見合った場所を選べて、敵を迎撃するのに兵士も元気なまま。即座に彼らは集結が可能で、敵兵の一団を発見に出向けるが、こちら側は彼らの勢いに抵抗することもできない。

こうしてフランス人は敗北したのである。このように、冬場にそれなりの思慮をもつ敵めがけて攻めかかろうとする連中は、常に敗れ去るのが必然だ。結局、兵力、隊列、規律、勇猛ぶり、どの点においても吟味を望まぬ者は、冬に戦場で戦えばよかろう。そういった点全般についてローマ人は多大な努力をかたむけてきたわけだが、それが自分たちにとって役立つようにと彼らは願ったものだから、冬場を避けただけでなく、通行不能の山々、難所それに自軍を阻むようなものは何であれ、回避して自らの技《わざ》と気概《ヴィルトゥ》を表わさんとした。そう、これで貴君の質問に対しては十分ではなかろうか。それでは城塞都市の防衛と攻略、その立地、また城塞都市の建設について扱うこととしよう。

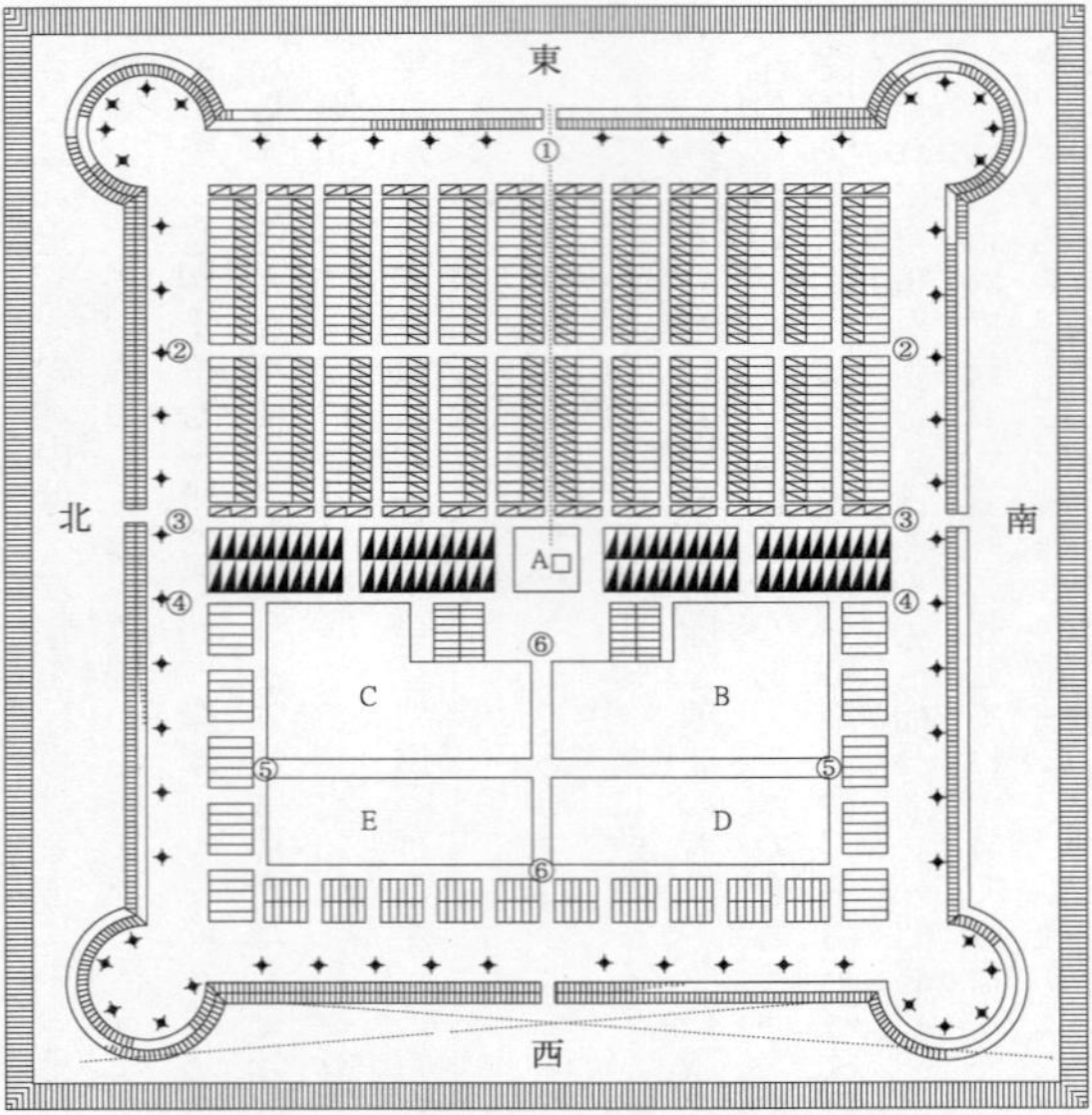

① 指揮官通り　　A 指揮官宿舎
② 南北横断通り　B 武器弾薬・補給兵
③ 十字通り　　　C 食料・運搬兵
④ 表通り　　　　D 職人・親方
⑤ 中央通り　　　E 家畜・牧夫
⑥ 広場通り

図7　宿営図

第七巻

領国や城塞都市は自然によって、あるいは人為によって堅固となることを諸君は知っておかねばならない。自然のおかげで堅固なのは河川とか沼地に囲まれたところで、たとえばマントヴァやフェラーラ(1)がそうであって、また断崖や険しい山の上にある城塞都市、たとえばモナコやサント・レオがその例だ。だが、山頂に位置する都市は攻め登るのにさほど難儀でもないから、今日では大砲や地下道に対して実にもろいものとなっている。

そこで、たいてい都市の建設に際しては、今日のところ平地が求められており、その地を努力して堅固に作り上げようとする。最初の努力は、曲がりくねってくぼみの多い城壁を作ること、これによって敵方は城壁に近づくことができず、前面からだけでなく側面からも簡単にやられてしまうといった次第だ。仮に城壁を高く作るとすると、大砲の攻撃にむやみにさらされてしまう。城壁が低ければ、梯子を掛けてよじ登るのが簡単となる。たとえば梯子を掛けにくくさせるために城壁の前に壕を掘るなら、敵はそこを埋め立てるので（大軍なら簡単だ）、壁は敵方のものとなるばかりだ。それゆえわたしが思うに、いつでも安全であることがより良い選択なのだから、いずれの不都合にも備えるために壁は高くし、その外側ではなく内側に壕を作ることだ。これぞ城壁作りの中でもっとも堅固な建設の方法である、なぜなら大砲と梯子から身を守り、また敵方にたやすく壕を埋めさせることにはならないから。

そこで、壁は必要に応じてできるだけ高くし、破壊するのがいたって困難なように、厚みは少なくとも三ブラッチャとらねばならない。二〇〇ブラッチャ間隔にやぐらを置き、内壕は幅が少なくとも三〇ブラッチャ、深さは一二ブラッチャであること。そして、壕を掘削した土はすべて市街地側に投げ積まれるものとし、壕の底から始まる壁面で支えられるようにして、一人の人間がその盛り土の後ろに身を隠せるぐらい地面より高くする。こうすることで、いっそう壕も深くなる。壕の底面には二〇〇ブラッチャごとに砲郭が必要であり、それは壕の中に飛び降りてくる者は誰でも、砲兵たちによって迎撃せんがためだ。重砲は都市の防衛用に、壕をふさぐ盛り土〔防塁〕の後方に配置すること。それというのも、前方の壁を守るには、その壁が高いわけだから、小型のものか中砲以外には都合よく使えるものではないからだ。

たとえ敵が梯子を掛けてよじ登ってこようと、最初の壁が高いために容易に守られよう。もし大砲を使って攻撃してくるなら、敵にしてみれば、まずは最初の壁を打ち壊しにかかるはず。だが、たとえその壁が打ち壊されても、倒壊の性質上おしなべて着弾した側に壁は崩れ去るものである。壁が崩壊してもそれで壕側の方が埋まることにはならず、壕の深さが増すだけだ。逆の立場から言えば、攻め込む側が前に進もうにもそれはできない寸法で、目の前には行く手を遮る瓦礫の山と障害となる壕を見出すばかり、それに城塞側の砲兵らは防塁から確実にこちらを葬り去れるといったわけだ。ここでの対策としてはただ一つ、壕を埋め立てることだが、これが途方もなく難しい。なぜなら、壕の容積たるや大変なものだし、壕に近づくことがそもそも困難であって、城壁はくぼんで曲がりくねっているのだ。なかでも、すでに言ったように進入するには難しく、それと埋めたて用の土砂をかついで瓦礫の山を登るなど、途方もなく困難となる。

それゆえ、わたしならこうやって万全に整備された難攻不落の都市を作るものだ。

バッティスタ　内側の壕ばかりか外側にも壕を作るようにすれば、その方がもっと堅固になりませんか？

ファブリツィオ　疑いもなくそうであろう。しかし、わたしの議論は一つだけ壕を作ろうとするなら、外側よりも内側の方がいいということだ。

バッティスタ　あなたなら壕に水を入れるのですか、それとも空堀にしておくのですか？

ファブリツィオ　いろいろと意見の分かれるところだ。それというのも、水を張った壕は地下道を掘られても大丈夫、水のない壕はそこを埋め立てるのがいたって困難だからだ。

しかしながら、あれこれ考えてみて、壕には水を入れないでおこう。なぜなら、その方がずっと安全だからだ。冬場といえば壕は凍てついてしまうもの、都市の攻略が容易となってしまう。たとえばユリウス二世が包囲網を敷いた時、(2)ミランドラの町に起こったようにだ。また地下道に備えるとなると、底深く掘り進めてくる者が水にぶち当たるようにと、壕を深く掘らなくてはならない。城塞都市についても、そこが同様に攻略しがたくなるよう、壕も城壁も同じやり方で建設するのだ。

そこで一つ、都市を防衛する者にはよく覚えておいてもらいたいことがある。それは、いくつかの〔やぐらのような〕稜堡《りょうほ》を市壁の外側に離して作らないこと。それともう一つ、城塞都市を建造する者に対してだが、最初の壁が突破された際、逃げ込んで避難できるような場所を都市内に何ら作らないことだ。

一つ目の忠告をするのは、策の立てようがないまま、みすみすあなたが以前の評判を失っていくのが落ちだからだ。かつての評判はいざ失われると、その他の法規遵守にも支障をきたし、防備にあたっていた者たちを意気消沈させる。そこで防衛すべき都市の外側に稜堡を数多く作れば、いつでもわたしの言っているような事態となろう。それというのも、稜堡〔程度の建造物〕など大砲の嵐にさらされるや、今日では守りようがないわけで、常にことごとく失うことになるからだ。ちょうど、稜堡を失うことが破滅のそもそもの始まりとなるようなもの。ジェノヴァが、フランス王ルイ十二世に謀反を起こした時、(3)都市を取り囲む丘陵地帯にかけて、いくつかの稜堡を築営した。が、そうした稜堡が破壊されると（瞬くまに破壊されたが）、都市ジェノヴァをも失わせてしまったのだ。

二つ目の忠告については、わたしは確言しておくが、城塞都市にとって何が一番危険かと言って、その都市の中に退却可能な避難所の存在以上のものはない。なぜなら、皆が避難所を過信するので、一箇所を放棄するとそこは失われてしまい、またそこが失われることによって後には城塞全体を失うハメになってしまうからだ。

その例として、フォルリの城塞都市の陥落が記憶に新しい。カテリーナ伯夫人(4)が、教皇アレッサンドロ六世の息子チェーザレ・ボルジア〔ヴァレンティーノ公〕に対抗して、フォルリの都市を防衛していた際、チェーザレはその都市にフランス王の軍隊を差し向けた。フォルリの要塞都市全体には、互いに行き来できる避難場所がいっぱいあった。というのも、都市の前面が砦となっていて、そこから城塞までのあいだには壕があり、跳ね橋を伝って行き来する仕組みだった。城塞は三つに区分され、どの区域もそれぞれ壕と水とで分かたれており、橋を使って一区域から別の区域へ渡り合っていた。そこでヴァレンティーノ公が、城塞の中の一区域に大砲をみまうと、そこの城壁の一部を壊して進入路を開けた。すると、城壁警護の任に就いていたジョヴァンニ・ダ・カサーレ殿は、壁が一部突破されたのに守りを備えるどころか、そこを打ち捨てて別の場所へ退避した。こうして、ヴァレンティーノ公の兵士らが何の抵抗にもあわずに一つの区域へ入り込むや、一瞬にして城塞全体を奪取してしまった。それというのも、ヴァレンティーノ公の兵士らは、ある箇所から別の箇所に通じる橋という橋を抑えてしまったからだ。

結局この難攻不落とされていた城塞都市は、二つの欠点がもとで陥落するハメとなった。一つに、避難場所が多いこと、もう一つは、どの避難場所もそれぞれの橋から独立していなかったからだ。その結果、要塞都市の建設のまずさと、そこを警護していた輩の思慮不足のため、カテリーナ伯夫人の豪胆な事業は面目丸つぶれとなってしまった。伯夫人にしてみれば、ナポリ王もミラノ公[5]も果たせなかったような軍隊を心から待ち望んでいたのだったが。彼女のさまざまな努力は良い結果を結ばなかったが、しかし彼女の力量《ヴィルトゥ》にふさわしい名誉は語り伝えられた。それは、彼女を讃える当時の数多くの寸鉄詩《エピグラム》に認められるところだ。

そこでだが、もしもわたしが城塞都市を建設するなら、城壁を頑丈にして、前に言ったような方法で壕をしつらえる。その中には居住する家々だけを作り、家々はきゃしゃで背丈も低く、ちょうど広場の中央に身をおく者が城壁全体に目をやるのに差し障りとならないように。これは総指揮官が、どこの救援に向かえるものかを目のあたりにできて、また城壁や壕が破られてしまえば城塞ごと奪われてしまうことが、誰にも分かるようにするためだ。そして、このわたしが何らかの避難場所を設ける際には、橋を分けて渡そうと思うが、壕の真ん中あたりで橋の支柱を壊せば、どの区域にもそれぞれの橋を伝って渡って来られないようにしたい。

バッティスタ 今日、小さな避難所を多々つくっても守りきれるものではない、とあなたは仰いました。しかし、その点についてどうもわたしは逆に理解していたようです。つまり、避難所は小さければ小さいほどますます防衛もよくなるものだ、と。

ファブリツィオ 貴君は、よくお分かりではなかったのだ。それというのも、ある都市をして、その防衛に当たる者が新たに壕や防塁で囲まれた避難場所を作ったところで、今日では誰も強固とは呼ばないからだ。大砲の威力といったらそれはすさまじいわけで、壁や防塁の部分的な警備にだけ頼る者は失敗することになる。それに、稜堡は通常の規模を上回らず、都市も城塞もそのままといった有り様では、できることといえば避難することぐらい、これではすぐにも打ち負かされてしまう。そこで、賢明な方策とは外側の稜堡は捨て置き、都市の入り口を固めて城門には半月堡を施すことだ。たとえば門からは直線的に入ったり出たりせずに、半月堡から城門までは壕があって橋をかけるようにする。さらに城門は墜格子《おとしごうし》で補強し、味方が戦闘に出かけた際には彼らに逃げ場を作らせない。また敵勢が追い返してくれれば、敵味方入り乱れて城中へなだれ込まぬように未然に防いでおく、といった具合だ。こうした墜格子はすでにあって、古代ローマ人がカタラクタ〔鬼戸〕と呼んでいるものだ。鬼戸が落とされると、敵勢は排除され味方は救われる。なぜなら、他の手立てといってもこのような場面では橋も城門も大勢でごったがえしているわけで、どちらにせよ役立てることなどできないから。

バッティスタ　その墜格子ですが、わたしは見たことがあります。ドイツ製で網の目の形をした鉄格子でできているものです。また、わたしたちのものは頑丈に張り合わされた厚板で作られています。できればその違いはどこから生まれて、またどちらの方が頑強なのか知りたいものです。

ファブリツィオ　あらためて貴君に申し上げるが、古代ローマ人たちに較べれば、世のいたるところで戦争のやり方も方策もあったものではなく、ことにイタリアではまったくのところ失われている。多少でも勇猛な戦さがあるとすれば、それはアルプス以北の例から生まれている。貴君には理解済みで、こちらの皆さんにも思い起こしてもらえると思うが、以前にはそれは脆弱な都市建設がなされてきたことから、フランスのシャルル八世が一四九四年にイタリアを通過するまでになったのだ。

頂銃眼〔胸壁〕は狭くて半ブラッチャほど、石弓や臼砲用の銃眼は外側の間口が少なく、内側はやたらと広い、その他にもたくさん欠陥があるが、うんざりするからよしておこう。それにしても、狭い頂銃眼では防禦壁にもならず、臼砲用の銃眼がこんなようでは、いとも簡単に壊れてしまう。だが、フランス人は習い覚えて頂銃眼を広く大きくとり、また銃眼については内側を広く壁の中央にかけてしぼりこみ、それから外壁面に向けてあらためて拡げるようにした。これによって、大砲でも防禦壁を打ち破るのは一苦労となる。そういったわけで、フランス人は同様にその他にも多くの策を持っているが、われわれの方では目にすることもなかったため考究されもしなかった。こうした策のなかに、この墜格子といった手段があるのだが、これはあなた方のものよりもずっとよいやり方だ。なぜなら、もしも城門を守るのにあなた方のような固い板戸を使うとすれば、それを落とすと中に閉じ込もってしまうわけで、板戸があるため敵に攻撃をしかけられない。また敵どもは手斧や火をかけて、確実に板戸を壊すことができる。一方、それが墜格子であれば、落ちたところで格子の目や隙間から矢を射たり、石弓をひいたりと、他のありとあらゆる武器で防衛することが可能だからだ。

バッティスタ　わたしはイタリアの中で、他にもアルプス以北の慣例を目にしたのですが、それは大砲を曳く荷車の車輪の輻《や》が心棒に対して直角になっていないのです。わたしとしては、なぜそうするのか知りたいものです。われわれの車輪の輻のように、垂直な方がずっと強いのではと思われるのですが。

ファブリツィオ　〔この世の〕事物で通常のやり方からかけ離れているものは、偶然の産物だなどとは考えないでいただきたい。また仮に、もっと美しくするためにそうしたのではと考えられるならば、貴君の間違いというもの。なぜなら、強さが必要なところでは美しさにかまってなどいられず、すべてあなた方のものよりも十分確かで頑強であるが故に生まれているのだ。その理由とはこういうこと、つまり荷車が荷を積んでいる時には、

〔荷台は〕水平でもあれば、右に傾きもする。荷車が水平の時は、車輪は同等に重量を支え、その重みは車輪に等しく配分されて、それほど負荷がかかるわけではない。だが傾いていると、荷車の全重量はその傾斜方向の車輪にのしかかることになる。もしも、この車輪の輻が垂直であれば、輻は簡単に折れてしまう。車輪が傾くなり輻も捩《よ》れて、まっすぐに重さを支えきれなくなる。このように、荷車が水平で輻にかかる重量も少なければ強いのだが、荷車が歪んで輻に多くの重量がかかるとなると弱いもの。これとは正反対にあるのが、まさにフランスの荷車の捩れた輻ということになる。というのも、荷車が一方の側に傾いて輻に重量をかけると、輻はもともと捩れているため傾いた折にはまっすぐに戻って力強く、どんな重みをも支えられるわけだ。また、その半分の重量なら荷車が水平で輻が捩れていても支えてくれる。

さて、われわれの都市や城塞の話に戻るとしよう。フランス人は自国の城門を確実に固め、包囲戦でも自国の兵士をそれは容易に送り出したり引き揚げさせたりできるよう、これまでに述べたことの他に、さらにもう一つの方策を用いている。だが、そういった実例をイタリアでは未だかつて見たためしがない。そこで、その策とはこうなのだ。跳ね橋の外側の突端から二本の柱をまっすぐに立て、それぞれの柱の上が支点となる梁を平行に取り付ける。ちょうど、どちらの梁もその半分が橋の上にかかり、もう半分が外に突き出るようにだ。それから、外に突き出した部分全体を小さな横梁で繋ぐわけだが、この横梁が一方の梁から他方の梁に格子状に張り渡る格好にして、内側からそれぞれの梁の先端に鎖を引っかける。そうしておいて、橋の外側を封鎖しようと思えば、鎖を弛めて格子状の部分全体が下を向くようにし、それが落ちれば橋をふさぐこととなる。また、橋を開けようとすれば、鎖を引く、すると格子扉が上がるわけだ。人間はくぐれても馬はダメといった程度に引き上げることもできれば、人馬共々通れるようにすることも可能、また再びパタンと閉めることもたやすく、まるで胸壁に付いている回転窓のように、この扉は上下する。この仕組みは墜格子よりもいっそう確実で、それというのも墜格子のように垂直に落下しないから、落ちるというより支柱で楽に支えられているため、敵勢によって阻止されにくいわけだ。

結局、都市建設をなそうとする者は、これまでに述べたことをすべて整えねばならない。その上で望まれるのは、城壁の少なくとも一マイル四方には耕作地も壁囲いも作ってはならず、できればただ一面の平原があって、視界を妨げられたり敵勢の盾となるような茂み、堤や林、それに家を無くすことだ。注意したいのは、外壕に地面よりもかなり高い防塁を築くような都市は最弱ということだ。というのもそんな都市は、攻め込んでくる敵側に隠れ場所を与えて彼らの攻撃も喰い止められないわけで、やすやすと破られ、敵方の砲兵隊のなすがままになるからだ。

それでは、都市の内部に踏み込んでみよう。わたしとしては、前に言ったことの他に、兵糧や軍需品の保有がいかに必要か、などとあまり時間をかけて説明するつもりはない。なぜなら、誰もが心得ていることであって、それらがなければ他のどんな準備も無駄だから。一般的には、二つのことを為す必要がある。一つに、自ら前もって用意し、敵が自国の物資を調達できないようにしておくこと。だから、飼料用の枯れ草、家畜、穀類で都市内に貯蔵できないものは廃棄しなければならない。二つ目に、都市の防衛にあたる者は、暴動や混乱といったかたちで何事も起こらないように備え、またいかなる事件が発生してもおのおのの為すべきことが分かっているように、対処しておかねばならない。たとえば一つにはこうである。女子供、老人、弱い者たちは家の中に身を潜め、そして都市は若者や屈強な男たちの場とすること。こういった兵士たちは武装して防備につく。そのうちのある一隊は城壁に、ある一隊は城門に、ある一隊は都市の重要拠点にと配置されて、内部に起こりうるいろいろな不都合の処置にあたるのだ。さらに別の一隊は、どの場所といった決まりはなく、必要に応じて皆を助けに行ける態勢にしておく。こんな具合に物事が系統立てられていれば、混乱を招くような騒擾も起こりにくい。

それから都市の攻略、防衛にあっては、次のことに注意したい。すなわち、敵の都市占領の希望を勢いづかせるものに、その都市が敵勢を目のあたりにするのに慣れていないと〔相手に〕悟らせる以上のものはない。それというのも、多くの場合、以前に敵の包囲攻撃を経験したことがないと、恐怖だけで都市は奪われてしまう。それゆえ、たとえばこんな都市を攻撃する際には、あっと言わせるように何から何まで強そうに見せかける必要がある。他方、攻撃を受ける側は、敵が戦闘を仕掛けているところに強力な兵士を据えて、ともかく印象で敵兵力を怖じ気づかせることだ。なぜといって、最初の〔敵の〕攻撃が不首尾となれば包囲された側の士気は増大するもので、そうなると否が応でも敵方は評判ではなく実力で籠城している者どもに立ち勝ろうとするからだ。

古代ローマ人が都市の防衛に使っていた道具類にはいろいろあった。例えば、石弓、臼砲、サソリ砲、弩砲、射石器〔パチンコ型投石器〕、投石器がそうだ。また攻撃用に使った道具も数多く、例えば、破城槌、車輪付きやぐら、遮蔽蓋、移動楯、防護皮付きやぐら、石とり鎌、移動掩蓋《えんがい》がそうだった。これらの道具に取って代わって今日の大砲があり、攻める側にも守る側にも役立っているわけだが、これについてはもう話すのはよしておこう。

ところで本来の議論に立ち戻るとして、個々の攻撃について触れてみよう。誰しも兵糧攻めに注意することと、攻撃の際には力でねじ伏せられないように気をつけねばならない。兵糧攻めについては、包囲網が敷かれる前に兵糧を十分に補給しておくことが肝心だ。しかし、長期にわたる包囲攻撃によって兵糧が乏しくなれば、救援に赴く同胞が必要な処置を講じてくれるようにと、時には非常手段に打って出るのも見受けられた。とくに包囲された都市の真ん中を川が流れている[6]場合がそうだった。

たとえばローマ人は、カサリヌスの地においてローマ側の城塞がハンニバルに包囲された時、川づたい以外に何も送れないので、その川の中に大量の胡桃《くるみ》を投げ入れた。胡桃は川によって滞りなく運ばれ、しばらくはカサリヌスの人びとの糧となった。包囲攻撃を受けたいくつかの都市は、敵に自分たちの穀物の量の方が豊富なことを見せつけ、兵糧攻めでは攻略不可能と敵方を諦めさせるのに、城壁からパンを放り投げたり、また子牛に穀物を食わせてから生け捕りにされるよう放り出したりした。つまり、子牛が殺されると穀物が詰まっていることが分かるわけで、敵にはないほどの豊かさを誇示するためにである。

一方、傑出した指揮官たちは、敵を兵糧攻めにするためさまざまな手段を使った。ファビウスはカンパーニアの人びとに勝手に種を播かせておいたが、播いたその分の穀物が不足するようにさせた。シラクーサの僭主のディオニシウス一世(7)は、レッジョ地方を包囲していた時、その土地の人びとと協定を結ぶふりをした。そしてこの交渉の最中にも食糧を入手させ、こうやってその土地の穀物を空にしてしまうと、再び封鎖をはかって彼らを飢餓状態に追い込んだ。アレクサンドロス大王(8)は、レウカディア(9)を攻略しようと、まわりの城塞をことごとく陥落させて、城塞の住人たちがレウカディアに逃げ込むがままにしておいた。こうして、あまりにも多くの群衆が突然なだれ込んだがため、その都市は窮乏化することとなった。

攻撃については、それを受ける側からすれば、最初の突撃に注意するのが肝心、とは一般に言われるところだ。ローマ人は、この最初の一撃でもって瞬く間に四方八方から襲いかかり、なんども多くの都市を占領した。それを彼らは「一斉に輪をなして攻略す」と呼び慣わしていたが、たとえばスキピオがイスパニアの地で新カルタゴを占領した時[10]のように。また、最初の突撃に持ちこたえられれば、その後に征服されることも難しくなる。万が一、敵勢が城壁を突破して市中に侵入する事態が起こっても、都市の住民がまだ残っている以上、彼らが放棄しなければ何らかの対応策があるもの。なぜなら、多くの軍隊は或る都市に入城してから後、もう一度追い返されるか殺されたりしてきたからだ。その対応策というのは、都市住民が高い場所に立てこもり、そんな家々や塔から敵に戦いを仕掛けるといったことだ。これに対して、市内に入城した者が巧妙に打ち破っていくには二つの方法が、これまでにあった。一つには、都市のいくつかの城門を開け放して、住民が確実に逃げおおせるような退路を作ること。今一つは、武装兵以外は傷つけず、武器を手放して地面に置く者は赦されるといった意味内容を声高にふれ回ること。こうしたことで、多くの都市の攻略を容易にした。この他にも、都市を攻略するにあたって、その背後に不意をついて迫ればすんなりと運ぶもの。それには、軍隊を遠方に配置しておいて、攻撃の素振りは見せず、距離からして気づかぬ間に攻め上れるとは誰も信じないようにしておく。そうしておいて、隠密に迅速に都市を攻撃すれば、ほとんど成功して勝利を収めることになろう。

近頃起こった数々の事件については、それを論ずるのは気が進まないが、それというのもわたしやわが部下のことを話すのは気が重いし、他の面々の事とてわたしには何と言ったものやら分からない。しかしながら、この件についてはチェーザレ・ボルジア、通称ヴァレンティーノ公の例を引き合いに出さないわけにいかない。彼は麾下の兵士ともどもノチェーラにあって、カメリーノ攻略に出かける様子を見せたが、踵を返すやウルビーノに向かい、一国を一日にして何の造作もなく占領してしまった(11)。他の者ならば、十分な時間と資金をかけても、どうにも占領できなかったに違いない。

さらにまた、包囲されている者たちにとっては、敵の策略や罠に注意することが必要となる。それだから籠城側は、敵方が何かを繰り返して行っていることを目にしてもそれを信用してはならない。むしろそこには罠が潜んでいて自分たちの害に変わるやもしれぬと常に思うべきだ。ドミティウス・カルヴィヌスは、ある要塞都市を包囲していた時、配下のかなりの兵士を引き連れて、日課のようにその都市の城壁のまわりを行進した。すると、中に籠もる人びとは訓練のための行進だと思い込んで、警護を弛めてしまった。これに気づくと、ドミティウスは要塞を攻撃し、その都市を陥落させた。また、何人かの指揮官たちは、籠城兵側が援軍到来と聞きつけるや、援軍の兵士よろしく、その旗印の下に自軍の兵士らを装わせた。そして、入城が果たされると彼らは都市を占拠した。アテナイ市民のティモン(12)は、ある夜のこと城外の寺院に火を放った。すると城中の人びとが救援に赴いたので、都市は敵の餌食となってしまった。ある指揮官たちはまた、包囲された城塞から補給のために出てくる兵士らを殺して、その補給兵の衣服を味方の兵士たちにまとわせて、彼らを城内に送り込んだ。さらには古代ローマの指揮官たちは、奪取しようとする都市からその防備をはぎ取ってしまうようなさまざまな手立てを使った。

スキピオがアフリカの地にあった時のこと、カルタゴ守備隊が送り込まれていた城塞を是非とも占領しようとして、なんどもそれらの城塞に攻撃を仕掛ける素振りを見せた。そればかりでなく、次に彼は恐れをなして攻撃を手控えるだけにとどまらず、そこから退散するかのように装った。これをハンニバルは真に受けるや、大軍を率いて追跡の上、いとも簡単にスキピオ軍を制圧できるようにと、城塞の全守備隊を引っ張り出した。スキピオはこれを知ると、マッシニッサ[13]を城塞攻略の指揮官として送り込んだのだった。ピュロス王がスキアヴォニア[14]［イリュリア］地方の首都に戦端を開いた時のこと、そこには実に多くの兵士が守備隊についていたので、王はこの都市の攻略を断念するかのように装った。そして別の場所に向かいかけると、その都市は救援のためにと守備隊を差し向けたので、結果的には容易に征服されてしまうこととなった。また多くの者は、都市を奪取するのに水に毒を入れたり、川の流れをそらせたりした、とはいえ近頃のは成功に至らなかったけれども[15]。さらに籠城兵を簡単に降服させるには、彼らに勝利の見込みがないとか、新たな援軍によって彼らの形勢が不利なことを告げ知らせて、茫然自失に追い込むことだ。

古代ローマの指揮官たちは、内部の者の買収と裏切りを通じて、あまたの都市を占領しようとした。それにはさまざまなやり方があった。ある者は部下の一人を送り込み、彼は逃亡兵ということで重宝がられて敵の信頼を取りつけると、この立場を今度は自軍に都合のいいように利用した。ある者はこの手口で警備隊の様子をつかむや、その知らせを介して都市を占拠した。ある者は、城門が閉められないようにと、何らかの口実をもうけて丸太を積んだ荷車でその門を塞いでしまい、敵陣に簡単に入り込めるようにした。

ハンニバルといえば、ローマ人の或る城塞都市[16]から遣わされた一兵士を抱き込んで、昼間は敵勢が恐くて外出できないことにして、夜中狩に出るように見せかけよ、と説得した。そこでこの兵士が獲物を携えて帰る際に、一緒にハンニバルの手勢を入城させ、警備兵を始末して、城門を開けさせたのだ。一方籠城兵がこちらに攻撃してくる時には退却するように見せれば、彼らは城外遠くに出てきて罠にはまるもの。ハンニバルを含む多くの者たちは、自陣営が収奪されるがままに放っておくことさえしたが、それは敵勢を二分する機会をうかがって彼らの要塞都市を奪い取るためであった。さらには、離れ去る素振りを見せることでも人は騙されるもので、例えばアテナイ人プォルミオン[17]がやったように。彼はカルキディアの一小村を略奪したが、その後カルキディアの大使を迎え入れて、彼らの都市は安全だ、と好意的な数々の約束をした。それで、カルキディアの人びとは配慮が足りなかったため、すぐにもプォルミオンに制圧されてしまった。

包囲される側としては、自分たちの中の疑わしい者には注意を怠らないことが不可欠とはいえ、時に処罰と同じように褒賞を与えることでも安全が確保できるものだ。マルケルス(18)のことだが、ルキウス・バンティウス・ノラがハンニバル支持に回ったことを知ると、〔逆に〕実に人間味豊かに気前よくルキウスを遇して、彼を敵ではなく無二の友となした。

また籠城している方は、敵が間近にある時よりも遠く離れている時にこそ入念な警備が欠かせない。攻め込まれそうもないような箇所には、いっそうの注意が必要だ。なぜなら、多くの都市が失われてきたのは、攻撃されるとは思ってもみない所を敵側が叩いたからだ。こういった思い違いは、二つの理由による。つまり、要害の地だから近寄れないように思い込んだがために、または敵が一方を騒々しく襲うかに見せかけて、無言のままその反対側に実際の攻撃を仕掛ける策を用いたためだ。そういうわけで、籠城兵はこの点は大いに気をつけなければならない。ことにいつでも、とくに夜は城壁の警護を抜かりなく行い、人間だけでなく犬も配置すること、敵を嗅ぎ分け吠えながら相手を突き止める獰猛で機敏な犬をあてがうべきだ。それから犬ばかりでなく、ガチョウが一つの都市を救ったこともある。ガリア人がカンピドリオの丘を包囲した際、ローマ人に起きたのがその例だ。

アルキビアデスは、アテナイ軍がスパルタに包囲された時、警護兵たちが警戒にあたっているかどうか確かめるために、こう命じた。つまり、夜中彼が松明をかざしたら、警護兵全員とも松明を持ち上げるようにと。また、それを守らない者には刑罰までこしらえた。アテナイ人のイピクラテースは、「私に気づいていたなら見逃してやったのだが」と言って、眠っていた警備兵を殺した。

籠城する側は、自分たちの盟友に知らせを送るのにさまざまな方法を持っていた。口頭による連絡がとれないため、暗号文を書きつけ、それをいろいろなやり方で隠すのである。暗号の文字は、これを取り決めている者たちの意向による。隠し方はさまざまだ。ある者は剣のさやの内側に書き込んだ。別の者たちは暗号文をパンの生地に入れてから焼き、これを運び屋の食べ物であるかのようにその人物に渡した。[19] ある者たちは体内に隠した。他の者たちは運ぶ者になついている犬の首輪の中に仕込んだ。ある者たちは手紙にはありきたりのことを書いた上で、行間に果汁を使って書きつけ、濡らしたり温めたりすれば、暗号が現れ出てくるようにした。この方法は、われわれの時代にはさらに巧妙化している。たとえば、ある都市内の自分の同胞たちに極秘事項を伝えたいが、また誰も信用するわけにはいかないといった場合、彼はありきたりの破門状を書いて先に言ったように行間に細工をして送付し、それを寺院の扉に掲げた。符号によってそれとわかる者たちが破門状を認めると、それは剝がされて読まれた。この方法は実に用心深いものであって、それというのも破門状を運ぶ者すら騙されていることになり、何の危険も生じないからだ。他にも無数のやり方があり、独力で編み出すことができる。ところで、籠城組が外部の盟友に書き送るよりも、誰かが籠城組に書き送る方がずっと簡単にいく。なぜなら外部への手紙は、逃亡兵になりすまして城外へ出る者を通してしか送りようがない。これは敵が警戒を強めている際には危険で、疑わしい。他方、誰かが城内に送る場合、遣いの者があまたの口実から包囲戦基地に行くことも可能で、それに都合のよい機会を捉えれば、城内に飛び込むこともできるのだ。

さて、今日の包囲攻略の話に移るとしよう。わたしが言うのは自分の城塞都市が攻め込まれることになって、少し前に示したように、内側には壕が整えられていない場合だ。敵が大砲を使って崩れた壁から侵入してこないようにするには（大砲による破壊を喰い止める対策がないから）、砲撃の最中にも、狙われている壁の内側に壕を掘ることが必要となる。幅は少なくとも三〇ブラッチャ、掘り出された土は城内側に盛り土となし、土手を使って壕が深くなるようにする。この作業は迅速が肝心で、壁が倒壊すれば壕の深さが少なくとも五、六ブラッチャになる工夫をこらす。また壕については、掘削中にその両端を砲台でふさぐこと。そして壁がそれなりに持ちこたえて壕と砲台を作る余裕ができれば、この攻撃された部分が都市内のどこよりも強固になる。というのも、こういった処置によってわれわれが内壕と見なす形ができあがるからだ。しかし、壁が弱くて時間がかせげない場合は、その時こそ勇猛《ヴィルトウ》を発揮し、皆が武器をとって全力で反撃しなければならない。この内壕を施す防衛の仕方だが、諸君がピサ包囲戦に赴いた折にピサ人によって行われたものだ。[20]彼らがそうできたのも、頑丈な城壁を有していたからで、時間の猶予が与えられ、また土地が粘土質で土手を盛り上げたり守りを固めるのに最適だったわけだ。こうした好条件に欠けていれば、ピサ人は征服されていただろう。それゆえ、常に賢明でありたければ、誰もが前もって備えをはかり、自らの都市には以前に触れたように内壕を張り巡らすこと。こうすれば、守りができているので、不安もなく確実に敵を迎え撃てる。

古代ローマ人はたびたび都市を占領したが、二つの様式の地下道を利用した。一つは、密かに地下通路を掘って攻略する都市の中心部にまで至らせ、これを通って侵入した(このやり方でローマ人はヴェイエンティの都市を奪った[21])。もう一つは、坑道を使って城壁の一部の土台を取り崩し、そして城壁を壊したのだ。あとの手立ての方が今日では確実であって、高い所にある都市ほどもろい。なぜなら、簡単に城壁の下に坑を通されてしまうからだ。次にその坑道内に火薬を入れれば、城壁が壊れるだけでなく、山々が削られて要塞都市全体がバラバラに損なわれてしまう。この点についての対策は、平地に建設し、壕を作って都市を取り囲むこと、壕の深さは地下水の出水のためそれ以上敵が掘り下げられない程度に深くすること。こういった坑道の敵は唯一、水だけだ。

もし万が一、丘陵地にある都市を防衛するのであれば、その城壁の内側にたくさんの深い井戸をこしらえる以外に手立てはない。これらの井戸は、敵が掘り進めてくる坑道で爆発が起こった際の通気口のようなもの。もう一つの対策だが、敵がどの辺りを掘っているかに気づけば、相手の坑道に向けて坑を掘ること。こうすれば敵を妨害するのは容易だが、包囲する敵もさるもの、予想をつけるのが難しい。とくに包囲される側は、休憩時に攻め込まれないように注意が必要だ。たとえば、一戦交えた後とか警備兵が交替する時、つまり昼番に替わる朝方や昼夜の間の夕刻あたりで、とりわけ食事時間がそうだ。こういった時間帯に多くの都市は攻略され、軍隊の多くは侵入してきた敵勢にやられた。だから、どこもかしこも細心の注意をはらって常に見張り、それなりの場所では武装が整っていなければならない。

是非言っておきたいのが、都市や陣営の防衛を難しくするのは、それぞれが有するすべての力を分散して配置せざるを得ないことにある。なぜなら敵方は、こぞってどこからでも好きなように攻撃できる以上、こちらとしてはどの場所も警戒する必要があるわけだ。こうして敵は総力を結集して攻め込み、こちらは一部で守りにあたることになる。また、籠城側は完全に打ち負かされる可能性があるが、外の敵方は追い返されるだけのこと。そこで陣営ないしは都市にあって包囲攻撃にさらされた多くの者たちは、力では劣るにせよ、味方全員が一斉に城外に飛び出して敵を圧倒した。これはマルケルスがノーラの地で、またカエサルがガリアでやったことだ(22)。カエサルの陣営がガリア勢の途方もない大軍に攻撃されると、やたらにある要所に自軍の兵力を分散していては防衛しきれない、と彼は見てとった。また、防護柵の中では敵勢と烈しく渡り合えぬと考え、陣営の一端を開いた。次に、そこへと全軍一丸となって向かうや、突進攻撃に打って出て、それは勇猛にも敵を圧倒して勝利をつかんだのだ。

さらには籠城兵のしたたかさが、多くの場合包囲する側を茫然自失とさせる。カエサルの目前にはポンペイウスが立ちはだかり、(23)カエサル軍が空腹を堪え忍んでいた時、カエサル側のパンがポンペイウスに送られてきた。それが〔粗末な〕草で出来ていることを見て取ると、ポンペイウスは自軍の兵士たちに見せてはならぬと命じた。というのも、どういった敵勢と対峙しているかが分かって部下を唖然とさせないためであった。ハンニバルとの戦争時、ローマ人にとって大変な名誉となったのは、彼らのしたたかさ以外の何ものでもない。なぜなら、それはもういかなる不遇逆境にあろうとローマ人は決して和平を求めず、一抹の恐怖心も覗かせなかったからだ。むしろハンニバルがローマ周辺に陣取っていた折、その数ある陣営が張られた平野の所々が、他の時代に普通売られる価格よりもずっと高い値で売られたのであった。またローマ人は自分たちの事業にたいそう固執して、ローマ防衛につながるカプア攻略活動を断念するようなことはなかった。彼らは、ローマが包囲攻撃を受けていたのとまさに同じ時期に、カプアを包囲していたのだ。

わたしは諸君にたくさんのことを語ってきたが、あなた方自身でも考察を加え、理解してもらえたことと思う。しかしながら、そうしてきたのは、繰り返し言ったように、いろいろな物事を通してもっと軍事教練の質を明示することができれば、と思ったからだ。さらには、もしも誰かいるとすればだが、あなた方のように理解する機会に恵まれなかった人びと、そういった人たちにも満足してもらえるようにだ。いくつかの一般的な規則を除けば、もう諸君に話すことが残っているとは思われない。それは、諸君が実に慣れ親しんだこんな規則のことだ。

敵に好都合なことは汝にとって害をなし、汝に好都合なことは敵にとって害となる。

戦時に敵のもくろみを観察すること抜かりなく、自軍の訓練に労を厭わぬ者は、危険に陥ること少なく、勝利を望みうること多し。

最初に汝の兵士の心を固めなかったならば、また、恐れ知らずの統制の行き届いた兵士と確認できなかったならば、彼らを決して戦闘に導いてはならぬ。彼らの勝利への希望を汝が目のあたりにする時以外、決して争ってはならぬ。

より良いのは鉄よりも飢餓で敵を打ち負かすこと、鉄の勝利にあっては力《ヴィルトゥ》量よりも運《フォルトゥナ》がいっそうものを言う。

汝が実行するまで策を敵に隠しておく策にまさるものなし。

戦時に好機を知り、それを捉えることができること、これが他の何よりも役立つ。

自然は少数の勇者を生み、努力と訓練は多くの勇者を生む。

戦時においては激情よりも鍛錬が功を奏する。

何人かの兵士が敵方を去って汝の下に仕えに来る場合、彼らが忠実であればそれは常に大収穫となろう。なぜなら、いわゆる逃亡兵は新しい味方からは疑われ、旧い仲間には憎まれるものだが、殺される兵士よりも逃亡兵の損失の方が敵の兵力をいっそう低下させるからである。

戦闘隊形を整える際には、前線を拡げることで自軍の兵士を失うよりも、最前線の後方に十分な補助兵をとっておく方がよい。

己の兵力を知り敵の兵力を知る者は、打ち負かされることが少ない。頭数よりも兵士たちの力量《ヴィルトウ》の方が役立つこと大。時に力量《ヴィルトウ》よりも地形の方が役立つこと大。

新奇で咄嗟の事態は兵士を茫然自失させる。ありきたりで緩慢な事態は兵士に重んぜられること少ない。それゆえ、汝が新しい敵との会戦に赴く前には、汝の軍隊をして小競り合いから敵と交わらせ、かつ敵を知るようにさせること。

敗れ去った敵兵をむやみに追う者は、他でもなく勝利を失う敗者となるばかり。

生きていくのに必要な食糧を準備せぬ者は、戦わずして打ちのめされる。

歩兵よりも騎兵に信頼を寄せる者であれ、あるいは騎兵よりも歩兵に信頼を寄せる者であれ、それぞれに相応しい戦場を選ぶこと。

日中誰かスパイが陣営に紛れ込んだかどうか確かめたい時は、どの兵士をも宿舎に戻すこと。

敵が汝の計略を察知したのではと気づいた時は、計略を変更すること。

汝が為さねばならぬことについては多く聴くこと、次に汝が為したいことは少数に諮ること。

兵士たちは、兵舎に留まる時には畏怖と刑罰によって秩序が保たれる。また戦争に赴く時には、希望と褒賞によって秩序が保たれる。

良き指揮官は、必要に迫られなければ、また好機が彼らを呼び寄せなければ、決して戦争には打って出ない。

戦闘に向けて汝がどのように隊列を組もうとしているか、敵方が分からないようにすること。いかなる方法で整列させようと、先陣隊は第二列隊、第三列隊によって支えられねばならない。

戦闘においては、混乱を招きたくなければ、汝があてがった任務以外のことに決してその小隊を使ってはならない。

咄嗟の事件に対して対処するのは難しいが、予測される事態に対しては容易となる。

人間、鉄、金、そしてパンが戦争の腱だ。しかし、この四つの内では最初の二つが不可欠となる。なぜなら、人間と鉄は金とパンを見出すが、パンと金は人間と鉄を見出さないからである。

丸腰の富者は貧しい兵士の戦利品である。

汝の兵士たちをして、ご馳走と贅沢な衣装を軽蔑するよう習慣づけること。

わたしとしては、諸君に覚えておいてもらいたいことは一般的にこのくらいだ。だが、このわたしの議論全体の中では、他にもっとたくさん言うことができたはず、ということも分かっている。たとえば、古代ローマ人はどうやって、また何種類のやり方で戦闘隊形を整えたか、彼らはどういう格好をしていたのか、その他にもいろいろと彼らはどんな訓練をしていたのか、といったように。また具体的なことをいっぱい付け足せただろうが、わたしは語るには及ばないと判断した。それというのも、あなた方自身で書物にあたることができるし、また確かにわたしの意図は古代の軍隊がどうであったか、これを諸君にありのままに示すことではなく、この現代の軍隊よりも力量《ヴィルトウ》に勝る軍隊をいかにして組織立てることが可能か、これを明らかにすることにあったのだ。だから、そのような手引きにわたしが必要と判断したことを除いては、古代のことについてわたしは論じようとは思わなかった。

それに軍隊を分類する者は、海と陸、歩兵と騎兵、いずれにおいてもそれぞれの訓練があると言っていることから、わたしは騎兵軍についても話題を拡げ、続いて海戦まで論ずるべきだった、と承知もしている。海戦については、わたしはほとんど知識を持ち合わせていないから、差し出がましい話はよしておこう。ただ、海戦に精通することで、以前には大事業を成し遂げたジェノヴァ人とヴェネツィア人に語ってもらうばかりだ。また騎兵隊については、かつて述べたこと以外には何も言うつもりはない。申し上げたとおり、騎兵は腐敗することが少ないからだ。

以上の他には歩兵をうまく並べること、歩兵は軍隊の腱であって、そうなれば必然的に騎兵隊もよくなるもの。ただ覚えておいてほしいのだが、自国で軍隊を組織する者は牡馬の供給に事欠かぬように、次の二つの措置をしておくことだ。一つには、良種の雌馬を自領周辺農村地域《コンタード》に分配し領民を育成して、もっぱら牡の子馬を買い付けさせる、たとえば諸君の国で牡の子牛やラバについてやっているように。もう一つは、子馬商が買い手を見つけられるように、牡馬を持たない者にはラバの保有を禁ずるというもの。こうして、手に入れるのは荷役馬［ラバ］のみ、といった者には牡馬を保有せざるを得ないようにし、さらには牡馬を所有しない者には豪華な衣装で身をつつむことができないようにすることだ。わたしの理解するところでは、こういった規則を当代の何人かの君主たちが実践したが、それぞれの国では実に短時日の内に最強の騎兵隊を有するまでになった。騎兵に関するその他については、今述べたことと世人の知るとおりだ。

それとおそらく貴君は、指揮官たる者の資質を理解したいと望まれるのではなかろうか？　この点については手短にお答えしたい。その理由は、今まで論じてきたことを全てにわたって為し得る人物以外には選びようがないからだ。見つからないとすれば、まだ議論が不十分だからということになるが、創意工夫のない者が自分の仕事で偉大だったためしなどなかったのだ。創意工夫は他にもいろいろな点で名誉となるものの、こと指揮官にあってはとくに名誉をもたらす。そして明らかなのは、いかなる創意工夫であれ、それがわずかであろうとも著述家たちによって賞賛されているところだ。彼らが賞賛するのは、たとえばアレクサンドロス大王で、王は密かに陣営を畳んで出発するのにラッパで合図を送らず、槍のてっぺんに帽子を載せて行った。また大王は麾下の兵士たちに命じて、敵勢と渡り合う際には左片足を跪かせたことでも賞揚されている。そうすることで、敵勢の衝撃を力強く支えられたからだ。こういったことで大王は勝利をものにし、ますます多くの賞賛を浴びた。彼の名誉を記念すべく建てられた彫像は、すべてその姿であったほどだ。

さて、この議論もそろそろ終わりだから、最初の主題に戻りたい。この都市では主題に戻ってこない話し手は非難される憂き目にあうのが慣わしだから、それは避けるとしよう。コジモ殿、よく覚えておられると思うが、貴君はわたしにこう言われた。すなわち、かたやわたしが古代を賛美し、また古代の重大事を模倣しない人びとを非難しながら、他方でわたしが骨身を削ってきた戦争に関しては古代に倣わなかったその理由が分からない、と。これに対するわたしの答えだが、或ることを為そうとする人びとは最初にそれを習い知ることが肝心で、次に機会が許せば実際に働きかけることが可能になるといったことだった。わたしだったら軍隊を古代式に変えられるものかどうか、その点については諸君にご判断願いたい。諸君には、軍隊について長々と論じてきたわたしの話を聴いていただいた。そこで、こういった考えに至るまでに、わたしがどれくらいの時間を費やしてきたか分かってもらえたと思うし、またそうした考えを実行に移すのがどれほどわたしの願いであるかも想像してもらえるものと信じている。たとえわたしにそれが可能だったとしても、まったくのところ機会が与えられなかったこと、これは容易にご推察いただけよう。

そこをもっとはっきりさせるため、また自己弁護もこめて、さらにその理由を言わせてもらいたい。約束したことだけは果たすとして、現代にあって古代を模倣する難しさとその易しさを明らかにしておこう。結局、今日人びとの間で為されているどの活動をとってみても、古代式に転換するにあたって軍隊ほど容易なものはないのだが、それは大国の君主であるわずかの人物にとっての話で、彼らなら自国の臣民から一万五千ないし二万人の青年をかり出せる。他方、こうした好条件を持ち合わせぬ者にとっては、軍隊ほど難しいものはない。

この点をよく理解してもらうには、賞賛されている指揮官にも二つのタイプがあることを知らなければならない。一つは、然るべき規律で統制された軍隊を率いて大事業に及んだ面々だ。たとえばローマ市民の大多数、これと諸部隊を導いたその他の指揮官たちがそうであった。彼らは軍隊を健全に保ち、確実に導くことを見極めさえすれば済んだ。もう一つは、単に敵を打ち負かしたばかりか、そこに至る以前に自分たちの軍隊を健全で見事に組織立ったものとなすべく、その必要に差し迫られた面々なのだ。彼らは疑いもなく、古代の良き軍隊を駆って勇敢に働いた指揮官の値打ち以上に実に賞賛に値するというもの。こういった面々には、ペロピダスとエパメイノンダス、(24)トゥルス・ホスティリウス、アレクサンドロス大王の父マケドニアのフィリッポス、ペルシア人の王キュロス、ティベリウス・グラックス(25)らがいた。彼らは皆最初に良き軍隊を作らねばならず、それから各軍隊を率いて戦ったのだ。皆が皆そうできたのは、彼らの思慮によるものであり、また同様の軍隊へと教導できる臣民がいたからだ。こうした指揮官たちの誰であれ、万事に傑出した人物といえども、腐敗した人民だらけの服従心の一かけらもない異郷の地では、賞賛に値する仕事を為すことなどまったく不可能であったに違いない。

結局のところ、イタリアでは編制された軍隊を統率できるだけでは十分とは言えず、まず軍隊を作って、これに命令を下せることが必要なのだ。そして、すでに挙げたペロピダス他の指揮官のごとくするためには、大きな国があって、たくさんの臣民がいて、といった好条件がなければならないわけだ。そのような面々の内にわたしが入るものでもなければ、命令するといっても外国軍隊およびわたしにではなく、他の方々に帰属する兵士どもばかり。そんな中で、わたしが今日論じた事柄のいくつかを導入することが可能かどうか、それは諸君の判断に任せたい。

今日の兵士たちときては、その誰一人として、どうしたら普段以上の武器を運ばせることができるというのか、また武器ばかりでなく二、三日分の食糧もシャベルも運ばせられるだろうか？　わたしが兵士に塹壕を掘らせたり、模擬訓練では毎日長時間にわたって武器を担がせ、次に実戦に役立てるなどということができるだろうか？　いつになったら兵士は毎日の賭事、好色ぶり、不敬それに横柄な態度を控えるというのか？　古代の軍隊では何度もあったことだが、兵舎群の中心には実が鈴なりの一本のリンゴの木があって、それが手つかずのまま立っていたくらいに、いつになったら兵士どもは規律と恭順に連れ戻されるのか？　戦争が終われば、兵士たちとわたしは何の関係もなくなってしまうのに、愛するにせよ恐れるにせよ、畏怖をもって兵士たちがわたしに接するようにさせるには、わたしは何を彼らに約束できるものだろうか？　生まれてこの方恥を知らない兵士どもに対して、わたしは何を恥と思い知らせねばならないのか？　兵士どもはわたしをろくに知りもしないのに、どうしてまた彼らがわたしに従うだろうか？　わたしは兵士たちをして、いかなる神あるいはどういった諸聖人にかけて誓約させねばならぬのか？　兵士どもの崇拝する聖者たちにかけて、それとも彼らの冒瀆する聖人たちにかけて？　彼らが誰を崇拝しているのか何も知らないが、何もかも冒瀆していることは承知している。いつも蔑んでいる者たちにかけて、兵士らが約束を守るなどといったことを、どうしてわたしが信じられるであろうか？　神を軽蔑する者どもが、どうして人間を畏怖できようか？　つまるところ、こういった素材に刻印可能だとしたらどういった良きものがあるというのか？

それから、たとえ貴君がスイス人やスペイン人は善良だと引き合いに出されても、わたしにしてみれば彼らはイタリア人よりは幾分ましなだけ、と言っておこう。むしろ、わたしの話を聴いてスイス人、スペイン人双方の行動の仕方について気づいてもらえるなら、古代ローマ人の完成ぶりに至るには、彼らには多くのことが欠けているのが分かっていただけよう。スイス人は、今日申し上げたことに起因する当然の習慣から良くなったのであって、もう一方のスペイン人は必要性からそうなったのだ。なぜなら、異郷の地で軍事活動を行うとすれば、彼らにとっては死ぬか生きるかを余儀なくされるわけで、それに避難する場所もないと思い込むことから、彼らは良くなったわけだ。しかし、これは欠陥だらけの善良さなのであって、なぜなら、そこには敵の槍や剣の切っ先を常々待ち受けること以外には何の善もないからだ。彼らに欠けているのは、善を教え諭す何らかの行動といったことではなく、それにもまして自分たちの〔と同じ〕言葉で語る主《あるじ》がいなかったことだ。

ところで、イタリア人に話を戻そう。彼らは賢明な君主たちを持たなかったために、良き制度を何ら採用しなかった。また、スペイン人が持ったような必然性も有しなかったため、自分自身で良き制度を採り入れはしなかった。こうして、この世の恥辱(26)に甘んじている有り様だ。とはいえ、人民には罪はなく、あるのは彼らの君主たちにだ(27)。イタリアの君主らはその制裁を受けるハメとなり、自らの無知についてはそれ相応の罰として、何ら力量《ヴィルトゥ》ある振る舞いを示すこともなく不名誉にも国を失うこととなった。わたしの言っていることが本当かどうか、ご覧になりたいと望まれるのか?

シャルル八世の通過〔一四九四年〕から今日に至るまで、一体いくつの戦争がイタリアの地に起こったか考えていただきたい。多くの戦争は人びとを好戦的にし、また有名にするものだが、数々の戦乱がますます大規模となって熾烈をきわめるほど、イタリアの人民と君主らの評判は失われていった。こうなるのも当たり前で、それはこれまでの諸制度がだめで現在も良くないからであって、また新しい制度についてはそのいくつかを採用できた人物が誰一人としていない。わたしが示してきた手立てを除いては、またイタリアの地に大国を保持している方々以外においては、イタリアの軍隊の評判が回復されるとは思わないでいただきたい。なぜなら、この形は自国の素朴で荒削りな人びとに刻印できるもので、邪悪でしつけの悪いよそ者どもにではないからだ。腕のいい彫刻家なら、下手な下彫りの大理石片から見事な彫像を彫り出せるとは信じないだろうが、原石からならうまくいく。

われらがイタリア人君主たちは、アルプス以北の戦争の激しさを味わう前には、こう信じ込んでいた。つまり君主にとって必要十分なのは、書斎で鋭い返答を思いつき、麗しい手紙を書き上げ、格言や言葉づかいには当意即妙な機知を示し、ペテンを働き、宝石や金で身を飾り、誰よりも豪華な〔寝台での〕眠りと食事をとり、遊女をたくさん侍らせ、臣民にはしみったれで横柄に振る舞い、怠惰に腐り果て、軍隊の位階をひいきで与え、もしも誰かが何か賞賛に値する策を進言すれば冷笑し、自分の言葉が神のお告げのごときを望む、こういったことができることだと。イタリア人君主たちはまた自らの惨めさに気づかずに、誰が彼らを攻撃しようとその餌食となるままに過ごしていた。

だからその後、一四九四年に、おぞましい大事件、一目散の逃亡、前代未聞の損失が発生した。こうして、イタリアの地にあった三大強国(28)は何度も略奪破壊された。だが、もっと悪いのは、生き残っている者たちが同じ過ちを犯し、同じ無秩序の中で生きていることである。彼らは、古代にあっては国を保持しようとした人びとがわたしの論じたようにすべて為し、また行わせたことを考えもしない。さらには、古代人の努力は災難に対する身の備えであり、危険を恐れぬ心〔精神〕の準備だったことに思い至らない。だからこそ、カエサル、アレクサンドロス、あの傑出した市民たちや君主たちは皆第一級の戦士なのであって、武器を携えて行軍し、仮に万が一、国を失うことになれば生命などものともせず、勇敢に生き死んでいった。彼ら全員あるいはその一部の者は、統治への度を超した野心を非難できようが、人びとを虚弱で戦争に不向きにさせるような点や、何がしかの贅沢で決して非難はされないはず。こうしたことが現代の君主たちによって読まれ信じられていたなら、彼らの生活形態も変わりばえせず、諸地方の形勢も変わらぬままというのはあり得ないことであろう。

この議論のはじめの方で、貴君はあなた方の徴兵制度(29)に思い悩んでおられたから言っておくが、もしあなた方がその制度をわたしの話したとおりに整えても、制度そのものが実際にうまくいかなかったというのであれば、苦情を言われるのも道理というもの。しかし、その徴兵制度がわたしの言ったように整備運用されなければ、悔やまれるのは台無しにしてしまったあなた方なのであって、その完成像に問題があるのではない。ヴェネツィア人とフェラーラ公[30]も、また徴兵制度を始めたのだが、うまくは続かなかった。そうなったのは彼らの過ちのせいで、市民兵が間違っているわけではない。

　わたしは断言しておくが、今日イタリアに国を保持している方々の誰であれ、真っ先にこれまで述べたやり方をとるならば、他の何びとにも先んじてこの地方の主《あるじ》となるはずだ。さらに、その方の国にはマケドニア王国と同じようなことが起こることになろう。マケドニア王国は、テーバイのエパメイノンダスから軍隊の組織方法を学んだフィリッポス[31]の治下に入るや、その制度と軍隊のおかげで実に強国となった。他のギリシア都市が閑暇にふけって喜劇の上演に夢中になっていた間に、数年でギリシア全土を征定、また息子には全世界の王となれるほどの礎を残した。

　結局、これまでの思想を蔑ろにする者は、その人が君主であれば自分の君主国をおとしめることになり、市民であれば自分の都市をおとしめることになる。それにしても自然とは苦々しいもの、わたしの言うことを成就させる方法を見届けさせてはくれないが、それを知るだけの能力はわたしに与えた。わたしは年老いたから、今日ではもはや何の機会も得ることができないと思っている。だからこそ、わたしは諸君とともに打ち解けて過ごしてきたのだ。それというのも、あなた方は若くて有能だから、わたしの議論に満足してくれるなら、しかるべき時にはあなた方の君主たちを助けて進言に及べるというものだ。そんなことを言って、わたしは諸君を驚かせたり、警戒させたりしたいわけではない。なぜならこの地方は、詩や絵画、それに彫刻に見られるように、死んだものの再生のためにあると思われるから。ともかく、わたしは歳も歳だから、望みうすだ。実際、もしも運命《フォルトゥナ》が過去においてこの大仕事に足るだけの国をわたしに授けてくれたなら、古代の諸制度がどれほど役立つものか、それをわたしは極めて短時日の内に世界に明示したであろうに。疑いもなく、わたしは栄光と共に国を拡大させたか、国を失ったにしても恥辱にまみれることはなかったであろう。

訳注

〔序〕

（1）ロレンツォ・ディ・フィリッポ・ストロッツィはメディチ家がフィレンツェに復帰以後、マキァヴェッリの擁護者の一人で、一五二〇年には枢機卿ジュリオ・ディ・メディチ（のちの教皇クレメンス七世）に紹介の労をとる。

〔第一巻〕

（1）コジモ・ルチェッライは父コジモ・ルチェッライの、ベルナルド・ルチェッライの孫にあたる、子のコジモのことで、この人物にマキァヴェッリは『ディスコルシ――「ローマ史」論』（以下『ディスコルシ』）を献呈している。没年は一五一九年、わずか二十五歳であった。オルティ・オリチェッラーリの集いの第二期の中心人物である。

（2）ファブリツィオ・コロンナはローマのコロンナ家の出身、一四五〇年から一四六〇年頃に生まれ、一五二〇年没。ファブリツィオについてはマキァヴェッリの主だった著作では引用されていないが、外交文書には現れている。

（3）「カトリック王フェルナンド」　スペイン王フェルナンド五世（一四五二―一五一六）。

通称「カトリック王」と呼ばれるこのスペイン国王は、一五〇〇年のグラナダ条約により、アラゴン王朝の支配していたナポリ王国をフランス王ルイ十二世と分割統治した。だが両国は戦いを起こし（一五〇二—〇四）、その結果、スペインは勝利し、統一国家スペインに、さらにナポリ王国の併合をなしとげ、副王国とした。なお彼は「ナポリ王国」（厳密には「ナポリ・シチリア両王国」）の国王として、フェルナンド三世を称した。

（4）ロレンツォ・ディ・ピエロ・デ・メディチは一五一六年八月ウルビーノ公に任ぜられた。なお、『君主論』はこのロレンツォに献じられている。

（5）ザノービ・ブオンデルモンティ（一四九一—一五二七）は商人で銀行家、『ディスコルシ』と『カストルッチョ・カストラカーニ伝』はこの人物に献呈される。バッティスタ・デッラ・パッラはマキァヴェッリの友人で、教皇やジュリオ枢機卿のもとでニッコロのために尽力する。ルイージ・アラマンニ（一四九五—一五五六）は詩人で作家、ザノービとともに『カストルッチョ伝』を献呈された人物。コジモと並んで三人ともオルティ・オリチェッラーリの園の集いの主要メンバーであるが、この三人は一五二二年に枢機卿ジュリオ・ディ・メディチに対する陰謀に参画した。

（6）「樽のディオゲネス」キュニコス派の哲人ディオゲネス、本文の以下の記述の典拠はディオゲネス・ラエルティオスの『ギリシア哲学者列伝』（Ⅵ・2）。

（7）ガイウス・ファブリキウスは前二八七年の対エペイロス王ピュロス戦のローマ執政官。『ディスコルシ』第三巻20章参照。

(8) 紀元前二四一—前二三七年のカルタゴで起きた事件で、フロベールの『サランボー』の背景をなす。この例はポリュビオス『歴史』第一巻(65—68)から取られている。『君主論』第12章、『ディスコルシ』第三巻32章参照。

(9)「われらが父祖なる時代」一四五〇年頃。『君主論』第1章および7章参照。ただし、7章ではフランチェスコ・スフォルツァの偉大な力量が強調される内容となっている。

(10) ムツィオ・アッテンドロ・スフォルツァ(一三六九—一四二四)は十五世紀の傭兵隊長。辣腕の傭兵隊長としてブラッチョ・ダ・モントーネと双璧と称された。一四〇五年フィレンツェの傭兵隊長となり対ピサ戦争で戦功をあげた。その後、一四年にナポリ女王ジョヴァンナ二世(一三七一—一四三五)に仕えたが、敵対勢力のアンジュー家のルイの側に寝返った。この逸話はマキァヴェッリ『フィレンツェ史』第一巻38に述べられている。一四二一年、ジョヴァンナ二世は、アラゴン家のアルフォンソを後継者として養子縁組していたため、彼に援助を請うた。

(11) ブラッチョはアンドレア・ブラッチョ・ダ・モントーネ。一四二四年戦死。この逸話についても『フィレンツェ史』第一巻38参照。

(12) 原文では una cattività onorevole(りっぱな悪)という表現が使われている箇所。同様の表現が『ディスコルシ』第一巻27章にある。

(13) マルクス・クラウディウス・マルケルスは、前二一二年シラクーサを攻略したローマの将軍。

(14) レグルス・アッティリウスは清貧で知られるローマの将軍。前二六七年と前二五六年に執政官となった。第一次ポエニ戦争の時、前二五五年、カルタゴとのアフリカでの戦いで捕虜となった。和平交渉のためローマに帰ったが、カルタゴの提案を受け入れることを元老院に思いとどまらせて、死刑を覚悟でまた捕虜の身に戻った。『ディスコルシ』第三巻25章参照。

(15) 「シャルル七世のもの」 フランスにおいて一四三五―三六年にシャルル七世によって創設された義勇兵制。『君主論』第13章参照。

(16) 主には『軍事について』*De re militari* を著した古代ローマ時代のウェゲティウス。

(17) 「市民軍制」 一五〇六年、マキァヴェッリの案に基づく軍事制度のこと。この制度はプラートでの敗戦後の一五一二年廃止され、あらたにロレンツォ・ディ・メディチによって一五一四年創り直された。

(18) 「中間の道」 マキァヴェッリの政治小論の中の『徴兵制度の再建方法について』を参照。「中間の道」を良しとする、マキァヴェッリにしては非常にめずらしい箇所のうちの一つ。

(19) 「一度敗れたからと言って」 一五一二年、スペイン兵と対峙したプラートの戦い。この敗戦で、ソデリーニ体制下の共和国が終焉に追い込まれ、フィレンツェにメディチ家が帰還する運びとなった。

(20) 「マントヴァ侯爵」 ジャンフランチェスコ・ゴンザーガのこと。彼は、一四〇四年ヴィチェンツァを征服した。

(21)「国を弱体化」　この判断については、『君主論』第13章参照。
(22)セルウィウス・トゥリウスはローマ六代目の王（在位、前五七八―前五三五）。リウィウス『ローマ史』第一巻47、第八巻8。
(23)ピュロスはアレクサンドロス大王の従兄弟で、ギリシアのエペイロスの王（在位、前三〇五―前二七二）。カルタゴを叩き、一挙にシチリアと南イタリアを征服したが、支配地域が共和制に慣れた都市のため統治に手をやき、瞬くまに国を失った。
(24)ユリウス・ウェルス・マクシミヌス（在位、二三五―二三八年）ローマ皇帝、通称トラキア皇帝。トラキアの農村の出身で軍人として活躍。大食漢の偉丈夫で、部下に推されて、二三五年最初の軍人皇帝となる。ゲルマン人と戦い、ライン河、ドナウ河の流域を占拠したが、ローマの元老院を無視したため、元老院が二人の共同皇帝を立てるなど、敵視された。ローマ進撃の途次、部下の兵士の反乱にあい、アクィレイアで殺害された。
(25)「行政区分」　ローマ市民は土地をもとに区分されていた。ポリュビオス『歴史』第六巻20参照。
(26)「疑うべくもないことだが」　前出（注18）の『徴兵制度の再建方法について』に同様の趣旨がある。

〔第二巻〕

(1)パウルス・アエミリウスはローマの執政官。前一六八年ピドナにおいてマケドニア王ペルセウスを破る。『ディスコルシ』第三巻16章、25章参照。

(2) 一四九四年のシャルル八世によるイタリア遠征。『君主論』第12章参照。

(3) フィリッポ・マリーア・ヴィスコンティ(一三九二生、在位一四一二―四七) ミラノ公。不健康、恐怖と疑惑にとりつかれた生涯。ミラノ領主ジャン・ガレアッツォの息子で、父の時代の勢威を取り戻そうと、傭兵隊長フランチェスコ・スフォルツァやフランチェスコ・ブッソラを登用して、ロンバルディーア一帯に版図を拡げた。一四三〇年頃、フィレンツェやヴェネツィアの反撃にあい、苦汁をなめた。没後、傭兵隊長フランチェスコ・スフォルツァが対ヴェネツィア戦の指揮をとり、敵国と内通して、永年のヴィスコンティ家の君位は奪われた。

(4) 「カルミニュオーラ伯」 一般にカルマニョーラと呼ばれる有名な傭兵隊長(一三九〇―一四三二)。最初、ヴィスコンティ家の勢力復興のためのミラノ傭兵隊長となり、後に一四二五年、ヴィスコンティ家との関係を絶ち、ヴェネツィアに仕え、同盟軍のフィレンツェと共に、二七年マクロディオの戦いでヴィスコンティ軍を破った。三一年、日和見的態度が疑われて、ヴェネツィアに召還され処刑された。マキァヴェッリの見方は、ヴェネツィアが内陸部に領土的野心をもち始めてから、海上の覇権を誇っていた時代に較べて国力の低下があり、自国の安全を守る立場から彼を殺害したのだとする(『ディスコルシ』第二巻18章)。なお、この人物を題材にマンゾーニの悲劇『カルマニョーラ伯』が書かれた。

(5) ゴンサルボ ゴンサロ・フェルナンデス・デ・コルドヴァ(一四五三―一五一五) ス

ペインの勇将。一五〇二年、バルレッタで包囲される。翌年、彼を包囲したヌムール公をチェリニョーラの会戦で破ることに成功。フランス軍を駆逐してナポリ王国を征服。チェーザレ・ボルジアも捕えてスペインへ送った。本書第六巻（注21）にも言及されている。

(6) ウービニー　フランス軍元帥ロベール・ステュアール・ドオビニーは一五〇三年四月二十一日、セミナーラでフェッランド・デ・アンドラーダ率いるスペイン軍に撃破された。

(7) 「ラヴェンナの会戦」　一五一二年四月十一日の会戦。フランス軍はラヴェンナでスペイン軍を叩いたが、勇敢な傭兵隊長ガストン・ド・フォワが戦死し、さらに二万のスイス傭兵がとつぜん敵方に加わったため、フランス軍は敗走した。

(8) ティグラネス一世（前一四〇—前五五）　アルメニア王、諸王の王と号しローマと戦い、首都を奪われ敗れて和した。

(9) ルキウス・リキニウス・ルックルス（前一一七—前五六）　スッラの部下としてミトリダテス戦争に参加。前六九年の戦いを述べたもの。

(10) マルクス・リキニウス・クラッススは前五三年にパルティア軍に敗れた。一方、マルクス・アントニウスは前三六年、パルティアに遠征して惨憺たる敗北に終わった。『ディスコルシ』第二巻18章参照。

(11) カエサル『ガリア戦記』（第一巻25）。

(12) バッタリオーネ、バッタリアをそれぞれ大隊、小隊と訳出したが、これは今日でいう概念よりも大きなものである。

(13) フラビウス・ヨセフス（三七―一〇〇頃）はユダヤの歴史家。ローマの市民権を得る。その著『ユダヤ戦記』はユダヤ史を知る上で最も貴重なもの。
(14) ニヴィヴェはアッシリア帝国の創設した首都ニネヴェの名から転じた伝説上の人物。
(15) キュロス大王（前六〇〇頃―前五二九）はアケメネス朝ペルシア帝国の建設者。
(16) アルタクセルクセス二世を指すか。アケメネス朝の王（前四〇四―前三五八）、ダレイオス二世の子。
(17) ここではミトリダテス六世を指す。ミトリダテス一世（前一七一―前一三八）のとき版図は西はエウフラテス川、東はインダス川に達した。
(18) マッシニッサ（前二四〇頃―前一四八）はヌミディアの王。
(19) ユグルタ王（前一六〇頃―前一〇四）はヌミディア王国を手に入れ、ローマ共和国と争う。
(20) サムニウム人は前二七二―前二六八年にローマに屈し、トスカーナ人（エトルスキ人）は前二六四年に滅ぼされた。
(21)「スキタイ人」もともと南ロシアの住民であるが、黒海北部の住民の総称。
(22) トルトーナは一四九九年、フランス軍によって略奪。
(23)「カポヴァ」カプアのこと。一五〇一年に略奪。
(24) ブレッシアはカンブレー戦争で、一五一二年に略奪。
(25) ラヴェンナも、一五一二年に略奪。

(26)　ローマの軍団《レギオン》の配列の三列目に配置されている年配の兵士（いわゆる老兵）。

〔第三巻〕

(1)　マキァヴェッリは同盟国の援軍歩兵（ソキイ）がローマの軍団《レギオン》の正規歩兵を超えてはならぬと、間違って信じていた。正規軍の総計は以下の如し。一万五千の歩兵、同盟軍（ソキオールム）の騎兵八百。ソキイの歩兵数は通常一万五千に達した。

(2)　「時間かせぎのファビウス・マクシムス」と言われたローマの将軍。クィントゥス・ファビウス・マクシムス・ウェルコスス（前二七五―前二〇三頃）。ローマ軍がハンニバルに敗れてのち執政官に選ばれた。戦略を誤解され臆病といわれたが、カンナエでローマ軍が大敗してからは、その戦術の意義を認められた。『ディスコルシ』第三巻9章にくわしい。

(3)　ウェンティディウス・プブリウス・バッソは前三八年ギンダロの戦において、マルクス・アントニウスと結んで小アジアとシリアで、パルティア軍を破った。

(4)　「ガリア人」　アリオウィストス率いるゲルマン族のこと。カエサル『ガリア戦記』（第一巻12）。

(5)　エパメイノンダス（前四二〇―前三六二頃）　テーバイの将軍にして政治家。前三七一年、スパルタを破ってテーバイを全ギリシアの覇者としたが、前三六二年、スパルタ及びアテナイ軍を破った時に戦死した。この例はポリュビオス『歴史』（VI、32―33）を典拠としている。『ディスコルシ』第一巻21章参照。ここでいう敵とはスパルタ軍のこと。

(6) 全軍隊の損害に較べて戦死者は少ない。火縄銃、石弩の着弾範囲は七〇～一〇〇メートルにすぎない。またこの場合、第一回の斉射と第二回目の斉射の間に、十分それに攻撃を加えるゆとりがあったはずである。

(7) 『ディスコルシ』第二巻17章参照。

(8) トゥキュディデース（前四六〇頃―前三九八頃）アテナイの歴史家。宗教や道徳に束縛されず政治的視点から因果関係を客観的に説明。『ペロポンネソス戦争史』（第五巻70）。

(9) 一五二一年のオリジナル版ではカルタゴ人となっている。だが多分クレタと読まれねばならない。

(10) アリアッテス（前六一七―前五六〇）リュディア王クロイソスの父。ギリシア文化に対してリュディアを開く。

〔第四巻〕

(1) カエサル『ガリア戦記』（第二巻8、第七巻72）。

(2) 「カンナエ」前二一六年八月二日の会戦。

(3) 前一〇一年のヴェルチェッリの会戦。

(4) 一五〇三年四月二十八日、チェリニョーラの会戦。

(5) 前二五五年の実例。ポリュビオスによる出典。

(6) 前二〇八―前二〇六年のことを述べている。

(7)　前二一五年、ノーラ付近で、マルクス・マルケルスによってハンニバルは打ち破られた。
(8)　「ハンニバル対スキピオ」　前二〇二年、ザマの戦い。
(9)　「アルケラオス対スッラ」　前八六年のカイロネーアの戦い。
(10)　ミヌキウス・ルフスは前一一〇年の執政官。その次の年にスコルディシで勝利。
(11)　アキリウス・グラブリウスは前二〇一年の護民官。さらに前一九一年、執政官。テルモピレーでシリアのアンティオコス三世（大王）を破った。
(12)　カイウス・スルピキウスは前三五八年、ガリア人を破る。
(13)　「非戦闘員」　サッコマンニとは外国人による支援要員で、味方の略奪行為中その集積整理にあたった。
(14)　ガイウス・マリウスは前一〇二年アクアエ・セクスティアエでチュートン族を破った。
(15)　リュディア王クロイソスが前五四六年ペルシア王キュロスの軍隊に対して、サルディス付近のピアナ平原で戦ったときのエピソード。
(16)　エペイロス王ピュロスによる前二八〇年、エラクレーアの戦いでのこと。
(17)　トルコのスレイマン一世はアナトリアでシリア（ソリア）のイスマイル王を一五一四年に破った。彼によるシリアとエジプトの撃破はマムルーク朝（ソルダーノ）を倒した。
(18)　前二二九年のこと。スペイン人とはイベーリ人のこと。
(19)　前六五八年、ウェイイ人に対する戦い。
(20)　クィントゥス・セルトリウスはローマに対してイベリア人の反乱を指導した。

(21) イルトゥレイウス。前八六年に殺されている。
(22) 前八六年、オルコメノスの戦いに際して。
(23) レグルス・アッティリウス（第一巻注14）。前二九四年の対サムニウム戦争。
(24) 「フィリッポス二世」 前三三九年春、スキタイへの遠征でのできごと。
(25) マルティウスはセッティミウスの息子。前二一二年のこと。
(26) プブリウス・コルネリウス・スキピオとグナエウス・スキピオはバエティス渓谷（今日のグァダルキヴィル）で前二一二年春に敗れた。
(27) ティトゥス・ディディウスは前九八年の執政官。ケルティベーリ族に敗れたが、前九三年には彼らを破った。
(28) 「ハンニバル敗北」 前二〇二年ザマでの会戦。
(29) スキピオは前二〇八年ベクーラでハスドルバルを破る。だがイタリアに向かう道を遮断できなかった。しかしながら、前二〇六年、カディス占領にともなって、全スペインからカルタゴ人を一掃した。
(30) この論点は『ディスコルシ』第一巻22章、23章に説かれている。
(31) ヘルヴェティア人はアラル川（今日のサオーヌ川）を渡河中に損害をうけた。カエサル『ガリア戦記』（第一巻12）。
(32) メテルスはスペインで前七九年より前七八年にかけてクィントゥス・セルトリウスと戦っていた。

(33) マクシムス・ファビウスは前二九五年、センティーノの会戦においてサムニウム人、ガリア人に勝利。
(34) 前五八年。『ガリア戦記』(第一巻50)。
(35) 西暦七〇年。
(36) 前一九七年、テッサリアのキノケファルスで行われた戦闘。『ディスコルシ』第三巻10章にふれられている。
(37) ウェルキンゲトリクスはエラウエル川の橋を破壊したが、ローマ軍の進撃を阻止することに成功しなかった。『ガリア戦記』(第七巻35)。
(38) 一五〇九年五月十四日の有名なアニャデッロにおけるヴェネツィア軍の敗北を述べたもの。戦闘を避けて敵が近づくのを待った誤算。
(39) プルタルコス『アレクサンドロス伝』。
(40) 百年戦争におけるジャンヌ・ダルクのこと。
(41) スパルタ王アゲシラオス(前四〇〇頃—前三六〇)は前三九五年、ペルシア人をサルディスに破る。

〔第五巻〕

(1) これと同一の例は、すでに『ディスコルシ』第三巻14章のペルージア市街戦について叙述されている。

(2) マキァヴェッリの拠り所となるウェゲティウス『軍事について』第二巻20では、二分の一を預けることになっている。といっても、典拠は賞与ないしは一時金についての話で、マキァヴェッリはこれを意図的に三分の一としたのである。

(3) 多分、ハンニバルの将ハンノンを指すのであろう。

(4) スパルタ王ナビス(前二〇五—前一九二)は全ギリシアとローマから攻撃を受けたが、人民の支援を得ていたためスパルタを守りとおした(『ディスコルシ』第一巻40章)。彼はマケドニアのフィリッポスと同盟してアカイア同盟と戦い、さらにローマに援助を求め、遂にはシリアのアンティオコス三世に頼った。一連の社会改革にも手を染めた。『君主論』第9章(注7)参照。本文の件は前一九五年のこと。

(5) カトゥルス・クウィントゥス・ルタティウスはマリウスと共に執政官として前一〇二年にキンブリ族と戦った。前八七年に殺された。

(6) ロアール川左岸の支流のエラウエル川。『ガリア戦記』(第七巻35)。

(7) 一コオルテ(中隊)は三百〜六百で編制。十コオルテで一レギオンを編制。

(8) マキァヴェッリはクィントゥス・ミヌキウス・テルムースの執政官(前一九三年)のつもりである。

(9) 前三六年、マルクス・アントニウスがパルティア人に対して遠征を行い、アルメニアに向かって困難な行程をえらんだときのエピソード。この遠征については、すでに第一巻、第二巻でふれられている。

〔第六巻〕

(1) ガイウス・クラウディウス・ネロは前二〇七年の執政官。リウィウス『ローマ史』第二十七巻(39―50)。

(2) この辺の事情はポリュビオス『歴史』(第六巻37)。

(3) この処刑についてはポリュビオス『歴史』(第六巻38)。

(4) マルクス・マンリウス・カピトリヌスはガリア人に対してカンピドリオ(カピトル)の丘を守った人物。リウィウス『ローマ史』第六巻(19―20)、並びに『ディスコルシ』第一巻58章参照。

(5) 「神の権威」『ディスコルシ』第一巻11章参照。

(6) 「ガリア勢二十万」前二二五年、第一次・第二次ポエニ戦争の間にガリア人がローマ人を攻撃するが、ローマ側が撃退に成功する。

(7) 「メテルス」クイントゥス・ケキリウス・メテルス・ピウス、紀元前八〇年の執政官。

(8) リウィウス『ローマ史』第三十巻4参照。

(9) カルタゴ人はハミルカル・ロディヌスなる者を亡命させ、アレクサンドロス大王の秘密計画を暴こうとした。

(10) ガイウス・マリウス。前一〇四年の戦争のこと。

(11) スッラは一度目はイセルニア近郊の内乱で、二度目はカッパドキアで危機を免れた。

(12) 前二一七年。『ディスコルシ』第三巻40章に引用されている。なお、バードの注によれば、フロンティヌスはこの一節をリウィウス『ローマ史』第二十二巻(16、17)から取り、リウィウスはポリュビオス『歴史』第三巻(93、94)から取ったとする。

(13) ハンニバルは前一九一年、シリアのアンティオコス三世のもとに逃げた。

(14) スエトニウス『ローマ皇帝伝〔カエサル〕』59参照。

(15) 前四九年。カエサル『内乱記』(第一巻81、83)参照。

(16) クイントゥス・フルヴィウス・フラックス。前一八二年、イスパニアの地で戦うが、相手はキンブリ人ではなく、ケルティベーリ人。リウィウス『ローマ史』第四十巻(30以降)の誤解。

(17)「シラクーサのレプティネス」シラクーサの僭主、ディオニシウス一世の兄弟。

(18) トミュリスはマッサゲタイの女王。トミュリス(Tamiri)の名はダンテ『神曲 煉獄篇』第十二歌56にも現れているが、ヘロドトス『歴史』(第一巻205以下)参照。

(19)『ディスコルシ』第三巻20章を参照。

(20) この逸話の場所は現在のドイツあたりで、主人公はカエサル・ドミティアヌス・アウグストゥス・ゲルマニクス。

(21) この逸話は『フランス事情報告』でも述べられている。フランス勢はスペイン方に数で優っていたが、冬場のうち続く雨のため近隣の村々や城に分かれて宿営した。これがため、敵方のゴンサロ・フェルナンデス・デ・コルドヴァを利することとなった。

〔第七巻〕

(1)「サント・レオ」 ウルビーノ公国の城塞。

(2) 教皇ユリウス二世は一五一一年、ミランドラを包囲、そして攻略した。

(3) 一五〇五年。しかし、ルイ十二世によって一五〇七年再度征服された。

(4)「カテリーナ伯夫人」 カテリーナ・リアリオ・スフォルツァ(一四六三—一五〇九)。フォルリは一五〇〇年に没落。カテリーナはガレアッツォ・マリーア・スフォルツァの娘で、フォルリ領主ジロラーモ・リアリオ伯の妻。夫は八八年フランチェスコ・ドルソの反乱にあい殺害された。カテリーナは、子供を人質にして城への復帰が許されると、今度は子供など何人でもつくってみせると尻まくりし、徹底抗戦して政権を守った(『ディスコルシ』第三巻6章、『フィレンツェ史』第八巻34章参照)。その後、ジョヴァンニ・デ・メディチと再婚し、後の傭兵隊長「黒旗隊」のジョヴァンニをもうけた。

(5) ナポリ王はアラゴン家のフェルナンド、ミラノ公はルドヴィーコ・イル・モーロで、両者とも大きな抵抗を見せずにフランス勢に屈服した。

(6)「カサリヌス」 今日のカプア・ヌオーヴァの地。この包囲戦は前二一六年に遡る。

(7) ディオニシウス一世は前三九三年、三九一年にレッジョに侵攻した。

(8)「アレクサンドロス大王」 マキァヴェッリの見誤りで、エペイロス王、モロッス人のアレクサンドロス一世のこと。バードの注によれば、この事件は前二六四年から前二五三年の間とされる。

(9)「レウカディア」　今日のサンタ・マウレタニア。

(10) 新カルタゴは前二一〇年に征服された。『ディスコルシ』第二巻32章ならびにリウィウス『ローマ史』第二十六巻（42―43）参照。

(11) 一五〇二年六月のこと。グイッチャルディーニ『イタリア史』第五巻3参照。

(12)「城外の寺院」小アジアの都市カリアのディアナ（アルテミデ）寺院。

(13) マッシニッサはヌミディアの王でローマ人と同盟を結ぶ。

(14)「スキアヴォニア」　現在のセルビア共和国の主要部、ベオグラードの西北地方。

(15) おそらくはフィレンツェのルッカ攻略を指す。『フィレンツェ史』第四巻23参照。

(16)「或る城塞都市」　ターラントのことで前二一二年の出来事。リウィウス『ローマ史』第二十五巻（8―9）参照。

(17) プォルミオンは前四三二年カルキディア半島に入って略奪した。

(18) マルクス・クラウディウス・マルケルスはカンナエの敗戦の後、前二一六年ハンニバルからノーラを守った。リウィウス『ローマ史』第二十三巻（15―16）参照。

(19) この模様は『皇帝派遣報告書』一五〇八年六月八日付け参照。

(20) フィレンツェのピサ包囲戦は、一五〇九年に終結する。

(21)「ヴェイエンティの都市」　リウィウス『ローマ史』第五巻（7―22）参照。

(22) 前五七年。実際はカエサルではなく、彼の補佐官セルヴィウス・スルピキウス・ガルバが行った。カエサル『ガリア戦記』（第三巻2―6）。
（23）スエトニウス『ローマ皇帝伝〔カエサル〕』68。
（24）「ペロピダスとエパメイノンダス」　スパルタとの戦争におけるテーバイの指揮官たち。『ディスコルシ』第一巻21章参照、なおローマの軍制の創始者であるトゥルス・ホスティリウスへの賛辞も述べられている。
（25）ティベリウス・センプロニウス・グラックスはローマのグラックス兄弟の祖先で、第二次ポエニ戦争に従軍した。本文では彼の軍事改革を理由に挙げている。
（26）「この世の恥辱」　ダンテ風の言い回し。『神曲　地獄篇』第三十三歌79 "vituperio de le genti"（「人々の恥辱」）。
（27）「人民には罪はなく、あるのは彼らの君主たちにだ」『ディスコルシ』第三巻29章参照。
（28）「三大強国」　いろいろな注釈のあるところだが、ミラノ、ヴェネツィア、ナポリとするのが妥当。
（29）「あなた方の徴兵制度」　一五〇六年のフィレンツェの徴兵制度。
（30）「ヴェネツィア人とフェラーラ公」　ヴェネツィア人は一五〇九年、フェッラーラ公エルコレ・デステは一四七九年に徴兵制度を試みた。
（31）フィリッポス二世。プルタルコス『ペロピダス』26参照。

解説　戦争の技術、あるいは職能としての戦争

服部文彦

はじめに

メディチ家ロレンツォ豪華王の死から二年後の一四九四年、フランス王シャルル八世が軍勢を率いてイタリア遠征に出立した。別名チョーク戦争とも呼ばれている。首尾のほどはともかくとして、重装騎兵を中心に火器も備えた総勢四万近くの大軍隊は、王権の伸長と財貨の集中の証でもあった。ヨーロッパにおける時代の転換はすでに目に見えるかたちで始まっていた。

一四九八年六月、フィレンツェ共和国書記官ニッコロ・マキァヴェッリ（一四六九〜一五二七）が誕生。その一五年近くに及ぶ官僚生活のなかでも、後半の重要な職務が、傭兵頼みの祖国の軍制改革に他ならなかった。一五〇九年のピサ奪回戦では、彼の仕立てた市民軍がまずまずの成果をあげる。しかし一五一二年のプラートの戦いでは、スペイン傭兵軍に完膚なきまでに打ちのめされ、フィレンツェにメディチ政権復帰を決定づけるばかり

か、マキァヴェッリ自身も職を失うはめとなった。その後のフィレンツェに昔日の栄光が戻ることはない。むしろイタリア半島全体が、アルプス以北の列強の軍靴ひしめく戦場と化していく。傭兵隊長らは諸国を股にかけ、時代の寵児として跋扈する。ランツクネヒト(ドイツ傭兵団)のローマ略奪まで一五年、マキァヴェッリ没後まもなくのことであった。

マキァヴェッリ著『戦争の技術』は、著者晩年の一五二〇年の作である。翌年、フィレンツェのジュンタ社から出版され、著作としては生前唯一の出版物となった。当時はかなり売れたとみえ、一五四〇年に版を重ねた。

本書は戦争をテーマに、古代ローマから当代にわたる戦術や軍事技術に関する話題がふんだんに盛り込まれた戦争対話であると同時に、全体としては古代ローマ共和制下の市民生活を範として、その再生と防衛面から論じた政治論に仕上がっている。

さらに言えば、戦術および軍事技術に比重を置くよりも、政治の本務の確認とその覚醒を次世代に促すために書かれた啓蒙書ではないかと思われるが、これはまだ私見の域を出ない。

ところでイタリア本国にて現在も刊行中の最新のナツィオナーレ版『マキァヴェッリ全集』(二〇〇一年以来、全二〇冊刊行予定)の編集に照らせば、本書は『君主論』、『ディスコルシ――「ローマ史」論』と並んで政治関連著作として位置づけられている。対話篇、小論考、リウィウス注釈集と、表現形式を異にしながらも、マキァヴェッリの政治論とそれを支える政治思想の変遷を窺い知るには欠かせぬ三部作であることは世界的な共通理解となっている。となれば、一連の著作には彼の思想の一貫性が読み取れるのか、あるいはその変節ぶりが際立つのか、あるいは現代まで続く極めて錯綜したマキァヴェッリ解釈への明快な仕分けが透かし見えてくるのか、興味の尽きないところだが、少なくともそうした判定は、今日もなお古典読者に許された愉しみの一つとなるに違いない。

さて、はやる気持ちはいったん抑えながら、以下、翻訳者の立場から、本書の構成、訳出上気になった点、それにテキストに関する文献学的知見をまとめて解説にかえようと思う。

本書の構成

戦争にまつわる対話の本篇は、老傭兵隊長ファブリツィオ・コロンナ（一四〇〇年代中頃〜一五二〇）がフィレンツェに立ち寄り、ルチェッライ家の庭園に招かれるという設定でスタートする。質問者の代表は当家の当主であり早世したコジモ・ルチェッライ、それに貴族の若き子弟たち、彼らは「ヴェネツィア式」に年齢の若い者から順にコジモの役回りを務めていく。一方、マキァヴェッリ自身は直接対話には登場しない。多くの場合、老ファブリツィオがマキァヴェッリの代弁者となっている。ときに市民軍制の擁護では、書記局時代の経験も相まって両者の区別がつかないくらいだが（例えば第一巻の「一〜一度敗れたからと言って、これを無益だと思う必要はない」など）、必ずしも二人が完全に重なるわけではない。どこまでがマキァヴェッリで、どこがそうでないのか、これがなかなかややこしく、本書全体の読解を左右するところでもある。

本書の構成は序と一〜七巻からなる。第一巻は傭兵稼業批判とその剝奪《はくだつ》、徴兵制度を通じた市民軍創設の正義について、第二巻が兵士の武器と装備それから隊列編制の基本、第三巻では会戦（決戦）に向けた軍隊編制と理想の模擬会戦が描かれる。この会戦場面から、一般にマキァヴェッリは戦術における火砲の重要性を評価しきれていないとされるが、丘陵地での布陣（第四巻）、稜堡（第六巻）、城塞の攻防（第七巻）ではその破壊力が十二分に認識されている。やはり実際に読んでみると見えてくる点であろう。第四巻がその他の戦闘隊形と不測の事態に対する指揮官の心得、第五巻が奇襲に備えた方陣隊形と行軍隊形、第六巻が陣営設営とそれに付随する諸注意、第七巻が城塞都市の攻防と指揮官の資質となっている。そして所々にファブリツィオ／マキァヴェッリの歩兵重視、当代の軍隊およびイタリア人君主に対する痛烈な皮肉が折り込まれる。

なぜマキァヴェッリは老傭兵隊長ファブリツィオに仮託して持論の多くを語るのか、なぜまたクライマックスの会戦が第三巻で陣営設営がそのあとの第六巻に置かれるか、つまり、兵士の武装、隊列・隊形訓練、陣営設営、会戦と流れないで、完璧な会戦が先でその後に宿営問題が置かれるのか、その議論の組み立てにも何かマキァヴェッリの意図があるようにも思われる。

訳していて気になる点

『戦争の技術』の場合、まずはこのタイトルに注意が必要である。そもそも自筆原稿からはタイトルは不明で、後の手稿段階で挿入されたことが分かっている。たしかに「戦争の技術」という表現は序に一度現れるが、今日の研究から当初は「デ・レ・ミリターリ *De re militari*」いわば「軍事論」とラテン名で呼ばれていたようである。

問題はむしろ日本語の「技術」の方にある。この「技術」は受け取る側によって実に幅の広い概念となる。ハウツー本ないし戦争に勝つための攻略本というのは横着過ぎるとして、マキャベリズム（権謀術数）の先入観もあって、本書を戦争科学の応用編とすんなり割り切ってしまうと、それもどうかと危ぶまれる。なぜなら、「市民生活」という守るべき世俗の「正義」が対話の端々にあらわれているからである。やはり「技術」にはテクニックではなく、アルテを意識して「しごと」とルビを振りたいところである。

実際、第一巻においてマキァヴェッリが本書の趣旨を記すに際しては、夭折したコジモ・ルチェッライの回想録であると同時に、「ただ単に軍事ばかりか、市民生活にこそまつわる多くの有益なことを学ばれるはず」、としている。とくにマキァヴェッリのキーワードとして有名な、近代のパワー・ポリティクスを支える「ヴィルトゥ（力量）」という概念に、本書では自己抑制という意味で「徳」ないし「徳力」という訳語を当てねばならない場面が散見された。また徴兵制のあり方を論ずる第一巻では、「中間の道」という表現もめずらしいことに現れる。

次に、全篇にわたり、ファブリツィオの言い回しを特徴づける二分法（dicotomia）がある。「〜か、あるいは…か（o 〜, o …）」という表現で、たとえば「自国民をまとめて戦争に備えるには、持ち前の軍隊か、あるいは市民軍を中核としたということだ」（第二巻）といったようにである。この二分法は政治関連三部作に共通してよく見かけるところだが、本書においてはそれが著しい。さらに、発言する際の立場には敵と味方の区別があり、加えて『君主論』の献辞で自らを風景画家になぞらえたように、山頂に立つ視座と平地に身を置く視座が存在する。いわば一つの物事を述べる位置取りにも三軸あって、それぞれにA or Bの二項目があるのだから、理屈上は二の三乗で八とおり、実際のところはほとんど二項目にあとの二軸のどちらかが絡むため、四とおりのモードでマキァヴェッリはファブリツィオに語らせることとなる。そこへもって本書では代名詞の使用頻度が多いものだから、「それ」、「あれ」、「彼／彼ら」などが、一体どの視座の、あるいはどの立場の、どちらのことを指しているのか分かりづらいところがある。万が一、本訳文を通してどうしても論旨や理屈が合わない箇所が出てくるとすれば、訳者の気づかぬ誤読が潜んでいるかも知れない。
それにも増して特徴的なのが、視座のすばやい移り変わりである。たとえば第六巻の陣営設営の説明のところで、図6に見るように、東西南北の絶対方位が一応あるものの、俯瞰的視座からいきなり測量を行う建築士の視点へ、そのまた反対へ、と交互に移り変わる。総指揮官宿舎から見ていたかと思えば、次には一兵卒の視界をもとに議論が組み立てられもする。正面、後ろ、右側、左側、がその都度ズレてくるのである。訳出する上では、ファブリツィオの議論についていくことを心がけ、絶対方位に即して日本語を選んだ箇所が所々あることはお断りしておこう。

隊列編制という第二巻の技術的な議論も訳者泣かせである。小隊の行進隊形から「縦移動重ね」で横列二十人の縦二十列、総勢四百名の方陣を作るくだりである。少し細かい話になるが、行進隊形から二列目を一列目に、四列目を三列目に、と続けていって出来上がったのが、図1の左側である。そして直訳すれば、「今度は、もう一回同じように一列を他の列に入れ込ませて」とテキストにあるのだが、これをすればどうしたって図1の右側の方陣にはならない。一列ずつ前に出せば、方陣の長槍兵五列がとれないからである。ここから現在の訳文にするまで意外と時間を労したのだが、同じ単語の「列（フィラ fila）」を使いながらも、後半の移動は横五列縦二十列の四本のうち、後ろの二本を一かたまりに見立てて一列と言っているのだと目の縮尺を変えてみたら、一応辻褄が合ったというわけである。こういう場合、「列隊」と表記するようにした。

今現在でも極めて難しいセリフと思われるのが、第六巻の軍の規則違反者に対する刑罰の方法である。「ある仲間が罪人の擁護に回らないようにするための、思いつくかぎりの最大の対処法は、その仲間を罪人の懲罰者に据えることだから。というのも、そういった者たちは別の配慮からこの任務を励行し、刑罰執行が他の者の手に渡るときよりも、当の本人たちが執行者になるなら、罪人の懲罰を渇望する〔方向に動く〕ものなのだ」。こうは訳してみたものの、しっくりこない箇所の一つである。理由を表す後半部分を直訳すれば、「というのも、刑罰執行が他の者に渡るときよりも、当の本人たちが執行者になるなら、別の配慮からそれを守り、別の望みから処罰を渇望するのだから。」となるが、テキストの「別の」が何をいわんとするものなのか、軍法へのおそれは強いとしても、仲間がかつての仲間を是非にと進んで処罰するその理由理屈がはっきりしない。これぞ自治的市民の心性なのか。以前、ボローニャ大学での談笑中に、この部分の質問をしたところ、話がいきなりアメリカ合衆国の陪審員制度に飛んでいった記憶があるが、未だその外的および内的連関が繋がっていない。ともかくも訳文が甘い箇所ではある。

最後に、ギリシアの「テクネー τέχνη」とローマの「アルス ars」について思い当たることがあったので、披露させていただこう。第三巻のギリシアの密集方陣の戦法は前掛かり、つまり前線が消耗すれば、後ろから兵士が次々と繰り込まれるが、一方ローマ軍団は軍隊を中隊、小部隊に分け、それを三列に並べて奥行を持たせるよう配置させ、第一列隊が劣勢になれば引き戻り、第二列隊がやられれば後ろに引き下がり、そして第三列隊を中心に全軍一丸となって戦う、つまり引いて引いて相手の得意戦術に乗じて叩くという戦法であったとのこと、こんなところから同じ「技術」でも、「テクネー」と「アルス」の出自の違いに踏み込めるやも知れぬと考えた次第である。

テキストの由来

ナツィオナーレ版のノートには、最新の文献学の成果がまとめられている。それによると、現存する手稿写本類の中でも、テキスト再構成上使用するに足るものは、以下の三種類となっている。古いところから、フィレンツェの国立中央図書館所蔵の手稿A、フィレンツェ・リッチャルディ図書館所蔵の写本R、とヴェローナ市民図書館所蔵のV手稿（イディオグラフ）である。手稿Aにはマキァヴェッリの自筆原稿が含まれる。写本Rは筆耕者の単なる写し、V手稿はイディオグラフの名のとおり、マキァヴェッリの手とチェックが入っているために、これがジュンタ版の印刷本の元となった。手稿Aから出版原稿となるまでには、マキァヴェッリ自身による三段階の修正がなされたようである。肝心の本書のタイトルだが、「戦争の技術」が現れるのはV手稿においてであって、現存している自筆原稿にはタイトル部分が欠落している。

マキァヴェッリ全集の最初の刊行は一九二九年、G・マッツォーニとM・カゼッラの手になり、『戦争の技術』の編集はカゼッラが担当し、定本はジュンタ版におかれている。今日まで続く注釈者たちの拠り所とするテキストがこれであって、たとえばフェルトリネッリ版、サンソーニ版、ボリンギエーリ版、プレイヤード＝エイナウディ版、そしてナツィオナーレ版へと繋がっていく。

おわりに

前世紀のとくに欧米の研究者たちの『戦争の技術』に対する評価は、作品の出来栄えとしても軍事技術の理解という点でもかなり否定的で手厳しい。古代ローマの軍事技術の誤解である（P・ピエーリ）、毒もなければマキァヴェッリらしくもない（H・C・マンスフィールド）、近年では、現実への接点を見失ったプラトン・フィチーノ的教養への転向の証左（M・マルテッリ）とする解釈もある。軌道修正は、一九六〇年代以降のF・ギルバート、G・サッソあたりからであろうか。前者は近代的軍事理論家の嚆矢をマキァヴェッリに認め、後者は第一巻の徴兵制の議論からフィレンツェの内政問題を微に入り細にわたって究明している。それもあって、本書の研究の歴史はまだまだ浅く、マキァヴェッリの主著とされる『君主論』と『ディスコルシ──「ローマ史」論』に較べれば、その正当な評価は今後に俟つ部分が大きいであろう。

とはいえ、近代政治哲学の祖といった一色刷りのマキァヴェッリ像を相対化してくれるのが、何といっても本書の魅力の一つではないだろうか。友人ヴェットーリ宛ての有名な書簡（一五一三年一二月一〇日付）で述べた心情表明すなわち「統治の技術（アルテ・デッロ・スタート arte dello stato）」も、政治・歴史関連著作全体を通じてあらたな相のもとに考え直してみる必要があるように思われる。

＊＊＊＊＊＊＊＊＊＊＊＊＊＊

今般の改訳・文庫化は、先に澤井繁男氏と共訳した『マキァヴェッリ全集1』がなければ、なしえるものではなかった。また、改訳中には『ディスコルシ──「ローマ史」論』の訳者であられる永井三明氏の的確な助言を賜ることとなった。両氏にはこの場をお借りして、深く厚くお礼を申し上げたい。

また今回の仕事で連絡を取り合っていた矢先に、ボローニャ大学大学院イタリア学研究科 Gian Mario Anselmi 教授の伴侶 Antonietta 夫人が急逝された。謹んでご冥福をお祈りしたい。

最後に、テルジドゥットーレのごとく後方支援を務めていただいた、ちくま学芸文庫の藤岡泰介氏にはひとかたならぬお世話になった。改めて御礼申し上げたい。

【文献一覧】

〈テキスト〉

Niccolò Machiavelli, *L'arte della guerra* in Edizione Nazionale delle Opere I/3, A cura di Jean-Jacques Marchand, Denis Fachard e Giorgio Masi, Salerno Editrice, 2001

Niccolò Machiavelli, *Dell'arte della guerra* in Le grandi opere politiche, a cura di Gian Mario Anselmi e Carlo Varotti, Volume primo, Bollati Boringhieri, 1992

〈これまでの全巻翻訳〉

・『戦争の技法』 石黒盛久編訳、『戦略論大系⑬マキアヴェッリ』所収、芙蓉書房出版、二〇一一年

・『新版　マキアヴェリ戦術論』 浜田幸策訳、原書房、二〇一〇年（旧版『戦術論』、一九七〇年）

・『戦争の技術』 服部文彦・澤井繁男共訳、『マキァヴェッリ全集1』所収、筑摩書房、一九九八年

・『兵法七書』　多賀善彦（大岩誠）訳、創元社版『マキアヴェルリ選集　第四巻』所収（ただし未刊）
・『兵法論』　廣田直三郎訳、興亡史論刊行會、一九二〇年

〈関連の参考図書〉
・白幡俊輔著、『軍事技術者のイタリア・ルネサンス―築城・大砲・理想都市―』、思文閣出版、二〇一二年
・リウィウス著、岩谷智訳、『ローマ建国以来の歴史1』、京都大学出版会、二〇〇八年
・リウィウス著、毛利晶訳、『ローマ建国以来の歴史3』、京都大学出版会、二〇〇八年
・伊藤博明責任編集、『哲学の歴史4　ルネサンス【15―16世紀】』、中央公論新社、二〇〇七年

中世を旅する人びと　阿部謹也

西洋中世の庶民の社会史。旅籠が客に課す厳格なルールや、遍歴職人必須の身分証明のための暗号など、興味深い史実を紹介。（平野啓一郎）

中世の星の下で　阿部謹也

中世ヨーロッパの庶民の暮らしを具体的、克明に描き、その歓びと涙、人と人との絆、深層意識を解き明かした中世史研究の傑作。（網野善彦）

中世の窓から　阿部謹也

中世ヨーロッパに生じた産業革命にも比する大転換——。名もなき人びとの暮らしを丹念に辿り、その全体像を描き出す。大佛次郎賞受賞。（樺山紘一）

1492 西欧文明の世界支配　ジャック・アタリ　斎藤広信訳

1492年コロンブスが新大陸を発見したことで、アメリカをはじめ中国・イスラム等の独自文明は抹殺された。現代世界の来歴を解き明かす一冊。

憲法で読むアメリカ史（全）　阿川尚之

建国から南北戦争、大恐慌と二度の大戦をへて現代まで。アメリカの歴史は常に憲法を通じ形づくられてきた。この国の底力の源泉へと迫る壮大な通史！

専制国家史論　足立啓二

封建的な共同団体性を欠いた専制国家・中国。歴史的にこの国はいかなる展開を遂げてきたのか。中国の特質と世界の行方を縦横に考察した比類なき論考。

暗殺者教国　岩村忍

政治外交手段として暗殺をくり返したニザリ・イスマイリ教国。広大な領土を支配したこの国の奇怪な活動を支えた教義とは？（鈴木規夫）

増補 魔女と聖女　池上俊一

魔女狩りの嵐が吹き荒れた中近世、美徳と超自然的力により崇められる聖女も急増する。女性嫌悪と礼賛の熱狂へ人々を駆りたてたものの正体に迫る。

ムッソリーニ　ロマノ・ヴルピッタ

統一国家となって以来、イタリア人が経験した激動の歴史。その象徴ともいうべき指導者の実像とは。既成のイメージを刷新する画期的ムッソリーニ伝。

資本主義と奴隷制　エリック・ウィリアムズ　中山毅訳

産業革命は勤勉と禁欲と合理主義の精神などではなく、黒人奴隷の血と汗がもたらしたことを告発した歴史的名著。待望の文庫化。（川北稔）

文天祥　梅原郁

モンゴル軍の入寇に対し敢然と挙兵した文天祥。宋王朝に忠義を捧げ、刑場に果てた生涯を、宋代史研究の泰斗が厚い実証とともに活写する。（小島毅）

歴史学の擁護　リチャード・J・エヴァンズ　今関恒夫／林以知郎／與田純訳

ポストモダニズムにより歴史学はその基盤を揺るがされた。学問を擁護すべく著者は問題を再考し、論議を投げかける。原著新版の長いあとがきも訳出。

増補 中国「反日」の源流　岡本隆司

「愛国」が「反日」と結びつく中国。この心情は何に由来するのか。近代史の大家が20世紀の日中関係を解き、中国の論理を描き切る。（五百旗頭薫）

世界システム論講義　川北稔

近代の世界史を有機的な展開過程として捉える見方、それが〈世界システム論〉にほかならない。第一人者が豊富なトピックとともにこの理論を解説する。

インド文化入門　辛島昇

異なる宗教・言語・文化が多様なまま統一された稀有な国インド。なぜ多様性は排除されなかったのか。共存の思想をインドの歴史に学ぶ。（竹中千春）

中国の歴史　岸本美緒

中国とは何か。独特の道筋をたどった中国社会の変遷を、東アジアとの関係に留意して解説。初期王朝から現代に至る通史を簡明かつダイナミックに描く。

大都会の誕生　喜安朗　川北稔

都市型の生活様式は、歴史的にどのように形成されてきたのか。この魅力的な問いに、碩学がふたつの都市の豊富な事例をふまえて重層的に描写する。

兵士の革命　木村靖二

キール軍港の水兵蜂起から、全土に広がったドイツ革命。軍内部の詳細分析を軸に、民衆も巻き込みながら帝政ドイツを崩壊させたダイナミズムに迫る。

共産主義黒書〈ソ連篇〉
ステファヌ・クルトワ／ニコラ・ヴェルト　外川継男訳

史上初の共産主義国家〈ソ連〉は、大量殺人・テロル・強制収容所を統治形態にまで高めた。レーニン以来行われてきた犯罪を赤裸々に暴いた衝撃の書。

共産主義黒書〈アジア篇〉
ステファヌ・クルトワ／ジャン＝ルイ・マルゴラン　高橋武智訳

アジアの共産主義国家は抑圧政策においてソ連以上の悲惨を生んだ。中国、北朝鮮、カンボジアなどでの実態は我々に歴史の重さを突き付けてやまない。

ヨーロッパの帝国主義
アルフレッド・W・クロスビー　佐々木昭夫訳

15世紀末の新大陸発見以降、ヨーロッパ人はなぜ次々と植民地を獲得できたのか。病気や動植物に着目して帝国主義の謎を解き明かす。（川北稔）

民のモラル
近藤和彦

統治者といえど時代の約束事に従わざるをえなかった18世紀イギリス。新聞記事や裁判記録、ホーガースの風刺画などから騒擾と制裁の歴史をひもとく。

台湾総督府
黄昭堂

清朝中国から台湾を割譲させた日本は、新たな統治機関として台北に台湾総督府を組織した。抵抗と抑圧と建設。植民地統治の実態を追う。（檜山幸夫）

新版 魔女狩りの社会史
ノーマン・コーン　山本通訳

「魔女の社会」は実在したのだろうか？　資料を精確に読み解き、「魔女」にまつわる言説がどのように形成されたのかを明らかにする。（黒川正剛）

増補 大衆宣伝の神話
佐藤卓己

祝祭、漫画、シンボル、デモなど政治の視覚化は大衆の感情をどのように動員したか。ヒトラーが学んだプロパガンダを読み解く「メディア史」の出発点。

ユダヤ人の起源
シュロモー・サンド　高橋武智監訳　佐々木康之／木村高子訳

〈ユダヤ人〉はいかなる経緯をもって成立したのか。歴史記述の精緻な検証によって実像に迫り、そのアイデンティティを根本から問う画期的試論。

中国史談集
澤田瑞穂

皇帝、彫青、男色、刑罰、宗教結社など中国裏面史を彩った人物や事件を中国文学の碩学が独自の視点で解き明かす。怪力乱「神」をあえて語る！（堀誠）

ヨーロッパとイスラーム世界
R・W・サザン
鈴木利章 訳
〈無知〉から〈洞察〉へ。キリスト教文明とイスラーム文明との関係を西洋中世にまで遡って考察し、読者に歴史的見通しを与える名講義。（山本芳久）

消費社会の誕生
ジョオン・サースク
三好洋子 訳
グローバル経済は近世イギリスの新規起業が生み出した！ 産業が多様化し雇用と消費が拡大する産業革命前夜を活写した名著を文庫化。（山本浩司）

図説 探検地図の歴史
R・A・スケルトン
増田義郎／信岡奈生 訳
世界はいかに〈発見〉されていったか。人類の知が全地球を覆っていく地理的発見の歴史を、時代ごとの地図に沿って描き出す。貴重図版二〇〇点以上。

レストランの誕生
レベッカ・L・スパング
小林正巳 訳
革命期、突如パリに現れたレストラン。なぜ生まれ、なぜ人気のスポットとなったのか？ その秘密を膨大な史料から複合的に描き出す。（関口涼子）

同時代史
タキトゥス
國原吉之助 訳
古代ローマの暴帝ネロ自殺のあと内乱が勃発。絡みあう人間ドラマ、陰謀、凄まじい政争を、臨場感あふれる鮮やかな描写で展開した大古典。（本村凌二）

明の太祖 朱元璋
檀上寛
貧農から皇帝に上り詰め、巨大な専制国家の樹立に成功した朱元璋。十四世紀の中国の社会状況を読み解きながら、元璋を皇帝に導いたカギを探る。

ハプスブルク帝国 1809-1918
A・J・P・テイラー
倉田稔 訳
ヨーロッパ最大の覇権を握るハプスブルク帝国。その19世紀初頭から解体までを追う。多民族を抱えつつ外交問題に苦悩した巨大国家の足跡。（大津留厚）

歴史（上・下）
トゥキュディデス
小西晴雄 訳
野望、虚栄、裏切り――古代ギリシアを殺戮の嵐に陥れたペロポネソス戦争とは何だったのか。その全貌を克明に記した、人類最古の本格的「歴史書」。

日本陸軍と中国
戸部良一
中国スペシャリストとして活躍し、日中提携を夢見た男たち。なぜ彼らが、泥沼の戦争へと日本を導くことになったのか。真相を追う。（五百旗頭真）

近代ヨーロッパ史　福井憲彦

ヨーロッパの近代は、その後の世界を決定づけた。現代をさまざまな面で規定しているヨーロッパ近代の歴史と意味を、平明かつ総合的に考える。

イタリア・ルネサンスの文化（上）　ヤーコプ・ブルクハルト　新井靖一訳

中央集権化がすすみ緻密に構成されていく国家あってこそ、イタリア・ルネサンスは可能となった。ブルクハルト若き日の着想に発した畢生の大著。

イタリア・ルネサンスの文化（下）　ヤーコプ・ブルクハルト　新井靖一訳

緊張の続く国家間情勢の下にあって、類稀な文化と個性的な人物達は生みだされた。近代的な社会に向かう時代の、人間の生活文化様式を描ききる。

増補　普通の人びと　クリストファー・R・ブラウニング　谷喬夫訳

ごく平凡な市民が無抵抗なユダヤ人を並べ立たせ、ひたすら銃殺する――なぜ彼らは八万人もの大虐殺に荷担したのか。その実態と心理に迫る戦慄の書。

叙任権闘争　オーギュスタン・フリシュ　野口洋二訳

十一世紀から十二世紀にかけ、西欧では聖職者の任命をめぐり教俗両権の間に巨大な争いが起きた。この出来事を広い視野から捉えた中世史の基本文献。

大航海時代　ボイス・ペンローズ　荒尾克己訳

人類がはじめて世界の全体像を識っていく大航海時代。その二百年の膨大な史料を、一般読者むけに俯瞰図としてまとめ上げた決定版通史。（伊高浩昭）

衣服のアルケオロジー　フィリップ・ペロー　大矢タカヤス訳

下着から外套、帽子から靴まで。19世紀ブルジョワジーを中心に、あらゆる衣類が記号として機能してきた実態を、体系的に描くモードの歴史社会学。

20世紀の歴史（上）　エリック・ホブズボーム　大井由紀訳

第一次世界大戦の勃発が20世紀の始まりとなった。この「短い世紀」の諸相を英国を代表する歴史家が渾身の力で描く。全二巻、文庫オリジナル新訳。

20世紀の歴史（下）　エリック・ホブズボーム　大井由紀訳

一九七〇年代を過ぎ、世界に再び危機が訪れる。不確実性がいやますなか、ソ連崩壊が20世紀の終焉を印した。歴史家の考察は我々に何を伝えるのか。

インド洋海域世界の歴史　家島彦一
陸中心の歴史観に異を唱え、海から歴史を見る重要性を訴えた記念碑的名著。世界を一つにつなげた文明の交流の場、インド洋海域世界の歴史を紐解く。

子どもたちに語るヨーロッパ史　ジャック・ル・ゴフ　前田耕作監訳　川崎万里訳
歴史学の泰斗が若い人に贈る、とびきりの入門書。地理的要件や歴史、とくに中世史を、たくさんのエピソードとともに語った魅力あふれる一冊。

中東全史　バーナード・ルイス　白須英子訳
キリスト教の勃興から20世紀末まで。中東学の世界的権威が、中東全域における二千年の歴史を一般読者に向けて書いた、イスラーム通史の決定版。

隊商都市　ミカエル・ロストフツェフ　青柳正規訳
通商交易で繁栄した古代オリエント都市のペトラ、パルミュラなどの遺跡に立ち、往時に思いを馳せたロマン溢れる歴史紀行の古典的名著。（前田耕作）

法然の衝撃　阿満利麿
法然こそ日本仏教を代表する巨人であり、ラディカルな革命家だった。鎮魂慰霊を超えて救済の原理を指し示した思想の本質に迫る。

親鸞・普遍への道　阿満利麿
絶対他力の思想はなぜ、どのように誕生したのか。日本の精神風土と切り結びつつ普遍的救済への回路を開いた親鸞の思想の本質に迫る。（西谷修）

歎異抄　阿満利麿訳／注／解説
没後七五〇年を経てなお私たちの心を捉える、親鸞の言葉。わかりやすい注と現代語訳、今どう読んだらよいか道標を示す懇切な解説付きの決定版。

親鸞からの手紙　阿満利麿
現存する親鸞の手紙全42通を年月順に編纂し、現代語訳と解説で構成。これにより、親鸞の人間的苦悩と宗教的深化が、鮮明に現代に立ち現れる。

行動する仏教　阿満利麿
戦争、貧富の差、放射能の恐怖……。このどうしようもない世の中でも、絶望せずに生きてゆける、21世紀にふさわしい新たな仏教の提案。

無量寿経　阿満利麿注解

なぜ阿弥陀仏の名を称えるだけで救われるのか。法然や親鸞がその理解に心血を注いだ経典の本質を、懇切丁寧に説き明かす。文庫オリジナル。

『歎異抄』講義　阿満利麿

参加者の質問に答えながら碩学が一字一句解説した『歎異抄』入門の決定版。読めばなぜ南無阿弥陀仏と称えるだけでいいのかが心底納得できる。

道元禅師の『典座教訓』を読む　秋月龍珉

「食」における禅の心とはなにか。道元が禅寺の食事係である典座の心構えを説いた一書を現代人の日常の視点で読み解き、禅の核心に迫る。（竹村牧男）

原典訳 アヴェスター　伊藤義教訳

ゾロアスター教の聖典『アヴェスター』から最重要部分を精選。原典から訳出した唯一の邦訳である。比較思想に欠かせない必携書。（前田耕作）

書き換えられた聖書　バート・D・アーマン　松田和也訳

キリスト教の正典、新約聖書。聖書研究の大家がそこに含まれる数々の改竄・誤謬を指摘し、書き換えられた背景とその原初の姿に迫る。（筒井賢治）

カトリックの信仰　岩下壮一

神の知恵への人間の参与とは何か。近代日本カトリシズムの指導者・岩下壮一が公教要理を詳説し、キリスト教の精髄を明かした名著。（稲垣良典）

十牛図　上田閑照　柳田聖山

禅の古典「十牛図」を手引きに、自己と他、自然と人間、自身への関わりを通し、真の自己への道を探る。現代語訳と詳注を併録。（西村惠信）

原典訳 ウパニシャッド　岩本裕編訳

インド思想の根幹であり後の思想の源ともなったウパニシャッド。本書では主要篇を抜粋、梵我一如、輪廻・業・解脱の思想を浮き彫りにする。（立川武蔵）

世界宗教史（全8巻）　ミルチア・エリアーデ

宗教現象の史的展開を膨大な資料を博捜し著された人類の壮大な精神史。エリアーデの遺志にそって共同執筆された諸地域の宗教の巻を含む。

ちくま学芸文庫

戦争《せんそう》の技術《ぎじゅつ》

二〇一二年八月十日　第一刷発行
二〇二三年一月十五日　第二刷発行

著者　ニッコロ・マキァヴェッリ
訳者　服部文彦（はっとり・ふみひこ）

発行者　喜入冬子
発行所　株式会社　筑摩書房
東京都台東区蔵前二―五―三　〒一一一―八七五五
電話番号　〇三―五六八七―二六〇一（代表）
装幀者　安野光雅
印刷所　三松堂印刷株式会社
製本所　三松堂印刷株式会社

ISBN978-4-480-09477-3 C0131